用刺绣线钩编的季节花束

日本 E&G 创意 / 编著

蒋幼幼 / 译

Seasonal flower accessories

中国纺织出版社有限公司

目 录 *contents*

喜林草
p.16

绣球花
p.17

向日葵
p.18,19

风铃草
p.20

马齿苋
p.21

菊花
p.22,23

金桂
p.24

银莲花
p.25

银莲花的花语是"我爱你"。
戴上精美的银莲花胸花，
试着向心爱之人告白如何？

2

1

Anemone

银莲花

制作方法 p.33

设计 & 制作 能岛裕子

罂粟花的花语是"安慰"和"关心"，
将这份心意编织进罂粟花吧。

4

3

Poppy

罂粟花

制作方法 p.35
设计 & 制作 能岛裕子

原野上开成一片的蒲公英，
向我们传达着春天的气息。

5

6

Dandelion & White clover

蒲公英和白车轴草

制作方法 p.36 / 重点教程 p.30

设计 冈本启子 / 制作 宫本真由美

成套佩戴更显青春靓丽。

11

12

柔和的色调,
光是看着就非常治愈。

Sweet alyssum

庭荠

制作方法 p.38

设计 & 制作 池上舞

每次走动，草莓便会随身摇曳。
圆鼓鼓的草莓煞是可爱。

13

14

Strawberry

草莓

制作方法 p.39

设计 & 制作 池上舞

5 朵小花聚在一起，宛如一个小盆栽。

15 16

Cineraria

富贵菊

制作方法 p.40 / 重点教程 p.30

设计 & 制作 奥住玲子

渐变的色调十分可爱。

也可以根据每日心情更换佩戴。

I7

I8

Forget-me-not

勿忘草

制作方法 p.41

设计 & 制作 奥住玲子

深红色的玫瑰漂亮极了！
很适合搭配成熟雅致一点的服装。

19

21

20

Rose

玫瑰

制作方法 p.43 ／ 重点教程 19 p.30

设计 冈本启子 ／ 制作 宫本真由美

柔和的色调让人心情也变得舒缓平静。

Margaret

玛格丽特花

制作方法 p.44 / 重点教程 24 p.31

设计 冈本启子 / 制作 大场晶子

花束低垂的样子
宛如迷人的倒挂干花。

25

Mimosa

金合欢

制作方法 p.45

设计 冈本启子 / 制作 大场晶子

不妨分别成套佩戴，
尽享靓丽风采！

26

27

28

29

30

蓝色与白色对比鲜明，
令人赏心悦目。

Nemophila

喜林草

制作方法 p.48

设计 & 制作 池上舞

虽说是略显阴郁的梅雨时节，
灿烂的绣球花却让人心情明朗。

Hydrangea

绣球花

制作方法　p.49

设计 & 制作　池上舞

色彩明丽的向日葵
可以让服装瞬间散发光彩。

Sunflower

向日葵

制作方法 p.50
设计 & 制作 奥住玲子

向日葵也可以成为主角，
享受与不同服装搭配的乐趣。

37

38

花如其名，
像风铃一般鼓鼓的形状可爱极了。

Campanula

风铃草

制作方法　p.52

设计 & 制作　镰田惠美子

39

40

五彩缤纷的颜色
光是看着就让人感觉充满活力。

Portulaca

马齿苋

制作方法 p.54

设计 & 制作 镰田惠美子

41

雅致的色调，
非常适合成熟风穿搭的日子。

Chrysanthemum

菊花

制作方法 p.56 / 重点教程 p.31

设计 & 制作 能岛裕子

绿色和白色的渐变效果真是清新可爱。

金桂是秋日的一道独特风景。
似乎到处都飘散着桂花的馨香。

45

46

47

Fragrant olive

金桂

制作方法 p.58 / 重点教程 46 p.32

设计 & 制作 能岛裕子

| 45 耳钉　46 胸花　47 耳坠

银莲花洋溢着浓浓的秋日气息。
白色和粉色给人截然不同的感觉。

48

49

Anemone

银莲花

制作方法 p.59

设计 & 制作 能岛裕子

刺绣线的介绍
Embroidery thread guide

下面介绍本书使用的奥林巴斯刺绣线的色样。
颜色漂亮，丰富齐全，
请务必灵活使用，为您的作品创作增色添彩。

25号刺绣线

成分：棉100%　线长：1支8m　颜色数：434色

（图片为实物粗细）

※25号刺绣线的色样

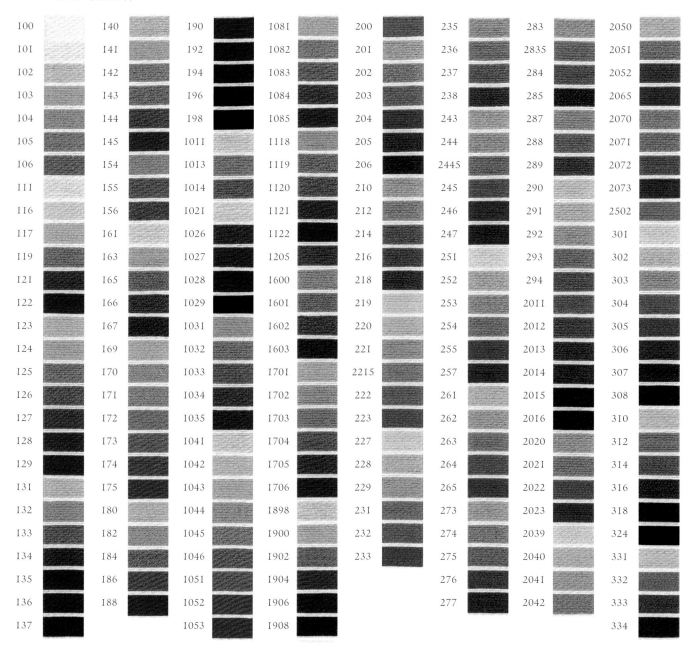

100	140	190	1081	200	235	283	2050
101	141	192	1082	201	236	2835	2051
102	142	194	1083	202	237	284	2052
103	143	196	1084	203	238	285	2065
104	144	198	1085	204	243	287	2070
105	145	1011	1118	205	244	288	2071
106	154	1013	1119	206	2445	289	2072
111	155	1014	1120	210	245	290	2073
116	156	1021	1121	212	246	291	2502
117	161	1026	1122	214	247	292	301
119	163	1027	1205	216	251	293	302
121	165	1028	1600	218	252	294	303
122	166	1029	1601	219	253	2011	304
123	167	1031	1602	220	254	2012	305
124	169	1032	1603	221	255	2013	306
125	170	1033	1701	2215	257	2014	307
126	171	1034	1702	222	261	2015	308
127	172	1035	1703	223	262	2016	310
128	173	1041	1704	227	263	2020	312
129	174	1042	1705	228	264	2021	314
131	175	1043	1706	229	265	2022	316
132	180	1044	1898	231	273	2023	318
133	182	1045	1900	232	274	2039	324
134	184	1046	1902	233	275	2040	331
135	186	1051	1904		276	2041	332
136	188	1052	1906		277	2042	333
137		1053	1908				334

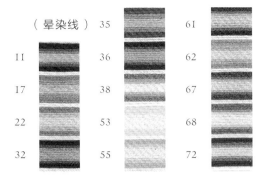

- 颜色数为截止到 2020 年 3 月的数据。
- 因为印刷的关系，可能存在些许色差。

（晕染线）

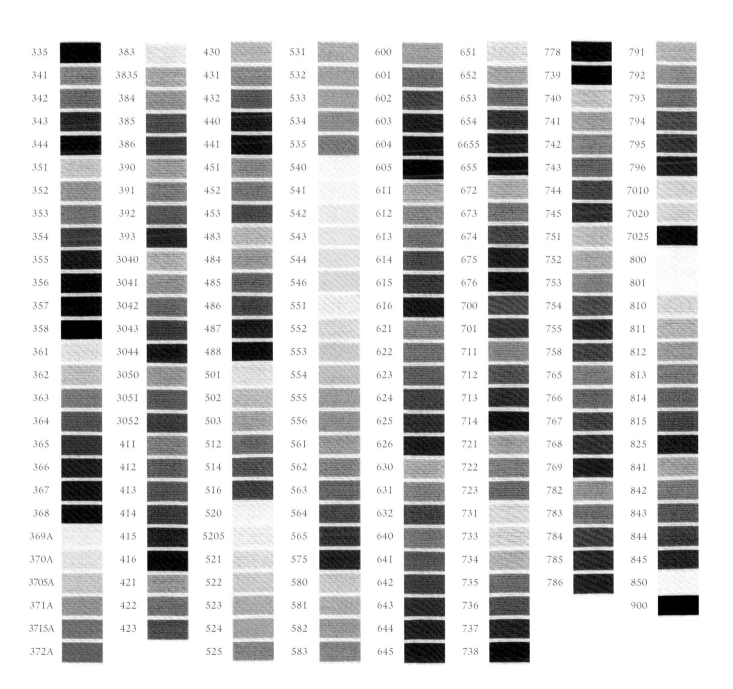

基础教程 *Basic Lesson*

❖刺绣线的使用方法

·分股线

Ⅰ 拉出线头。捏住左端的线圈慢慢地拉出，这样就不会打结，可以很顺利地拉出来。

2 25号刺绣线是由6股细线松松地合捻而成。本书作品中，除了特别指定外，全部用6股线的粗细直接钩织。

3 刺绣线的标签上标注了色号。为了方便补线，最好用完之前不要取下标签，或者提前记下色号。

4 本书中，将合捻的1根线（6股）一分为二，其中的3股线叫作"分股线"。在各部分的缝合等细节处理时，以及有特别指定时，就会用到分股线。剪下适当长度的线，退捻后比较容易分股。

❖包住铁丝钩织的方法
·钩织花茎时A（包住铁丝钩织短针的方法）

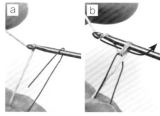

Ⅰ 弯折铁丝的一端，插入钩针，在针头挂线（a）。将针头的线拉出，接着在针头挂线（b）。

2 将步骤Ⅰ（b）中针头的线引拔拉出，钩1针立起的锁针。然后用钳子等工具将铁丝环的根部用力拧紧，再将钩织起点的线头与铁丝并在一起。

3 参照图片2的箭头将编织线拉出，钩织短针。

4 这是钩完几针短针后的状态。

·钩织花茎时B（一边从起针上挑针，一边包住铁丝钩织短针的方法）

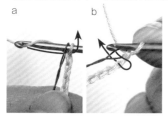
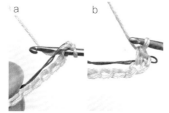
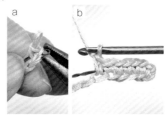

·钩织花环时
（包住铁丝钩织短针的方法）

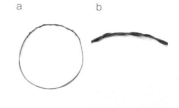

Ⅰ 先将铁丝的一端拧出一个小圆环。起针完成后，将铁丝的小圆环套在针头上，接着在针头挂线，如箭头所示拉出（a）。（b）是将线拉出后的状态。

2 在锁针的里山（如图片Ⅰ的箭头所示）入针，在针头挂线后钩织短针（a）。（b）是钩完1针短针后的状态。

3 用钳子等工具压扁铁丝的小圆环（a）。（b）是钩完几针短针后的状态。钩织终点也按相同要领将铁丝拧出小圆环。钩织最后一针时，在该小圆环中入针钩织短针。

Ⅰ 用铁丝制作双重圆环，再将两端拧紧固定（b）。

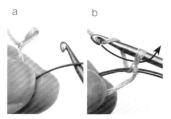
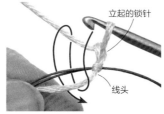

2 参照p.60（起始针的线环制作方法），先用编织线制作一个线环。在铁丝中入针（a），拉出线环，接着在针头挂线（b）。

3 将步骤2中针头的挂线引拔拉出，此针就是立起的1针锁针。如箭头所示在铁丝中插入钩针，包住铁丝和线头挂线后拉出。

4 再次挂线，如箭头所示一次性引拔穿过2个线圈（a）。（b）是钩完1针短针后的状态。

5 这是重复步骤3和步骤4钩完几针短针后的状态。

✤内侧半针与外侧半针的挑针方法

·在内侧半针里挑针的情况

正面　　　　反面

1 待挑针的针脚头部有2根线，如箭头所示在内侧半针（1根线）里挑针钩织。

2 这是在内侧半针里挑针钩织1圈后的状态。右图是从反面看到的状态，剩下没有挑针的外侧半针。

·在剩下的外侧半针里挑针的情况

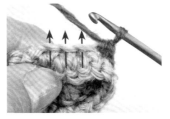

1 将先前钩织的部分翻向内侧，如箭头所示在该行针脚头部剩下的外侧半针（1根线）里挑针钩织。

2 这是在剩下的外侧半针里挑针钩织几针后的状态。织物由此分成内侧与外侧两层。

·在外侧半针里挑针的情况

1 待挑针的针脚头部有2根线，如箭头所示在外侧半针（1根线）里挑针钩织。

2 这是在外侧半针里挑针钩织1圈后的状态。从织物的正面可以看到，剩下没有挑针的内侧半针呈条纹状。

·在剩下的内侧半针里挑针的情况

1 如箭头所示，在先前钩织的那一行（圈）针脚头部剩下的内侧半针（1根线）里挑针钩织。

2 这是在剩下的内侧半针里挑针钩织几针后的状态。织物由此分成内侧与外侧两层。

✤胸针的缝合方法

·接线

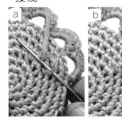

1 在缝针上穿好线，接着将缝针插入织物后从正面拉出。再从同一位置挑针制作线圈，缝针穿过线圈后将线拉出（a）。（b）是拉紧线后的状态。

2 在织物上挑针，再从胸针的小孔中出针固定（a）。按相同要领分别上下渡线缝上2次。（b）是固定右端后的状态。

3 左端与右端一样，分别渡线缝上2次固定好。接着，参照步骤1的a打结固定（a）。再从合适的位置出针（b）。

4 将线剪断，这就是缝好胸针后的状态。

✤小圆球的组合方法

1 钩织最后一圈后，塞入填充棉。

2 将钩织终点的线头穿入缝针，在最后一圈针脚部的外侧半针里挑针。

3 挑针1圈后拉紧线头。

4 在拉紧线头后的小洞里插入缝针，穿出织物的外面。按相同要领在小圆球内穿针几次后藏好线头。

重点教程 *Point Lesson*

5、8 图片 p.6,7　制作方法 p.36

❉花瓣的钩织方法

・接线

1　钩织主体，参照p.29（小圆球的组合方法）处理好线头。在条纹针剩下的半针里入针挂线。

2　如步骤 1 的箭头所示引拔。接着钩 4 针锁针。

3　"在下一个半针里入针，如箭头所示引拔（a）。"（b）是 1 个花样完成后的状态。

4　重复步骤 1、2和 3 的"~"部分，钩织花样。（a）是钩织 1 圈后的状态，（b）是钩织几圈后的状态。

15、16 图片 p.10　制作方法 p.40

❉基底的第 8、9 圈的钩织方法

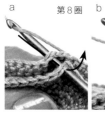  

1　分别钩织 2 片基底至第 7 圈。将 2 片织物正面朝外重叠，如图所示入针。挂线后如箭头所示引拔，接着钩 5 针锁针。（b）是钩完 5 针锁针后的状态。

2　跳过 2 针，在第 3 针里入针穿过 2 片织物，引拔（a）。（b）是钩完 1 圈后的状态。

3　如箭头所示成束挑起锁针钩织短针。（a）是钩完 1 针短针后的状态，（b）是钩完 7 针短针后的状态。

4　钩织 1 圈后的状态。

19 图片 p.12　制作方法 p.43

❉花瓣的钩织方法

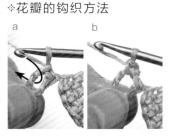   

1　从第 1 片花瓣接着钩织中间连接的 1 针锁针，然后钩 5 针锁针起针后连接成环状（a）。如箭头所示成束挑起锁针钩织短针。（b）是钩完 1 针短针后的状态。

2　参照符号图继续钩织，（a）是钩织 1 圈后的状态。将织物翻至反面，参照符号图接着钩织第 2 圈。（b）是第 2 圈钩完 1 针短针后的状态。

3　这是 2 片花瓣完成后的状态。接下来按步骤 1 和 2 的要领，参照符号图继续钩织 5 片花瓣A、4 片花瓣B 和 2 片花瓣C。

4　参照步骤 1～步骤 3 钩织全部花瓣完成后的状态。

  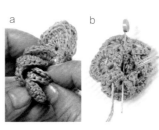 

5　将分股线（3 股）穿入缝针，如图所示将花瓣A、B 依次重叠着缝合。

6　缝合花瓣A和 B 后的状态。

7　将花瓣C 对折，从中心开始将花瓣A 和 B 错落有致地卷起来（a）。调整花瓣的形状，然后翻至反面用定位针固定好（b）。

8　在缝针上穿入相同颜色的线，在花瓣的根部呈放射状缝合（a）。缝合后，一朵玫瑰花就完成了（b）。

24 图片 p.13　制作方法 p.44

❀第2、3圈的钩织方法

・接线

1　第1圈完成后，钩10针锁针起针，接着钩2针立起的锁针（a）。在起针上钩织"1针长针、8针长长针、1针长针"。（b）是钩完"1针长针、3针长长针"后的状态。

2　跳过1针不引拔，这是1片花瓣完成后的状态。

3　重复步骤1和步骤2钩织1圈后的状态。

4　将织物翻至反面，参照符号图，如箭头所示入针，在针头挂线后引拔。（b）是接上新线后的状态。

5　如图所示翻折步骤1~3中钩织的前侧花瓣，钩12针锁针起针，接着钩2针立起的锁针。

6　参照步骤1和步骤2钩完1片后侧花瓣的状态。

7　这是参照符号图引拔后的状态。

8　重复步骤5~6，后侧花瓣完成后的状态。

41、43、44 图片 p.22,23　制作方法 p.56

❀花蕾的钩织方法

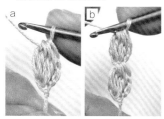
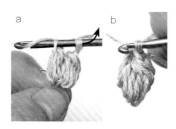

❀罗纹绳的钩织方法

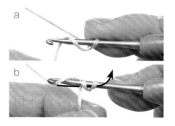

1　"钩1针锁针起针，接着钩织立起的3针锁针，参照p.61钩4针未完成的长针。"在针头挂线后引拔（a）。再重复1次"~"的操作。（b）是钩完2个枣形针后的状态。

2　将织物正面朝外对折，如箭头所示引拔。（b）是引拔后的状态。

1　如图所示挂线，再如箭头所示引拔。此时，线头（☆）预留出大约3倍于想要编织的长度。（b）是引拔后的状态。

2　将步骤1中☆的线头从前往后挂在针上（a）。如（b）图所示挂线，再如箭头所示引拔（b）。

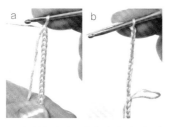

3　钩完1针后的状态（a）。（b）是钩完几针后的状态。

4　罗纹绳完成后的状态（a）。将其中1根线放置一边暂停钩织，用另外1根线钩12针锁针（b）。

5　从第1针锁针的里山将刚才暂停钩织的线圈钩出（a）。接着"钩3针锁针，在第4针锁针里引拔"。（b）是引拔后的状态。

6　重复步骤5"~"内的操作，锁针部分完成后的状态。

46 图片 p.24 制作方法 p.58

❖胸花的组合方法

· 花瓣的组合方法

· 缠线

a

b

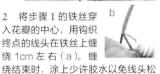

· 叶子的钩织方法

a

b

a

b

I 参照符号图钩织金桂的花朵后，剪一段指定长度的铁丝，穿入珠子后对折。

2 将步骤 I 的铁丝穿入花瓣的中心，用钩织终点的线头在铁丝上缠绕 1cm 左右（a）。缠绕结束时，涂上少许胶水以免线头松开（b）。

3 参照 p.28（包住铁丝钩织的方法），如图所示在对折后的铁丝上接线，钩织立起的锁针（a），接着钩织短针（b）。

4 （a）是钩织第 1 行的 10 针短针后的状态。翻转织物，钩 1 针立起的锁针（b）。

a

b

a

b

a

b

· 钩织所有的组成部分

5 在第 1 行的外侧半针里挑针，参照符号图钩织第 2 行（a）。（b）是钩完第 2 行的第 4 针长针后的状态。

6 a 是钩完叶子一侧后的状态。接着钩 3 针锁针（b），参照符号图继续钩织剩下的一侧。

7 钩织叶子的另一侧时，在剩下的半针里挑针钩织。（a）是钩完第 4 针长针后的状态。（b）是接着钩完整片叶子后的状态。

8 所有组成部分钩织完成后的状态。

· 组合方法

a b

a b

a b

9 用线将 1 片叶子和 7 朵小花紧密地缠绕在一起（a）。接着左右对称地加入 2 片叶子继续缠线（b）。

10 依次加入 3 朵小花和 1 片叶子缠绕在一起（a）。在花茎的中途缠上胸针（b）。接着参照步骤 II 的（b）图依次缠上 3 朵小花和 2 片叶子。

II 在成束铁丝上缠线至弯折部位再往下一点，然后如图所示弯折铁丝，再在上面缠线。不留缝隙地缠线后，在结束位置涂上少许胶水，处理好线头。（b）是完成后的状态。

12 整理花形，最后均匀地喷上定型液。

图片 p.4

✤准备材料
[线] 奥林巴斯　25号刺绣线
I 红色系（190）…3.5支, 绿色系（2070）…0.5支, 本白色系（850）、
黑色（900）…各少许
2 粉色系（123、126）、蓝色系（354）、绿色系（2070）、白色系（800）
…各1支, 本白色系（850）、黑色（900）…各少许
[针] 蕾丝针2号
[其他] 旋转式胸针 No.52 金色, 胶水
花艺铁丝 28号… I 25cm×8根　2 28cm×7根
✤成品尺寸　参照图示

I 花朵的配色

		第1、2圈	第3、4圈	第5圈
花朵A・B・C	花片a	黑色	本白色系	红色系
各1朵	花片b	红色系		

2 花朵的配色

		第1、2圈	第3、4圈	第5圈
花朵A	花片a	黑色	本白色系	白色系
1朵	花片b	白色系		
花朵B	花片a	黑色	本白色系	粉色系（126）
1朵	花片b	粉色系（126）		
花朵C	花片a	黑色	本白色系	蓝色系
1朵	花片b	蓝色系		
花朵D	花片a	黑色	本白色系	粉色系（123）
1朵	花片b	粉色系（123）		

I、2 花片a　　②在①的内侧半针里挑针
　　　　　　　③在①的外侧半针里挑针

I、2 花片b

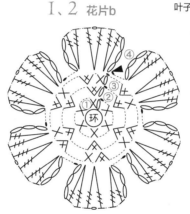

2 组合方法
※组合花朵（A、B、C、D）与叶子（B-a、B-b、B-c）
叶子（B-a、B-b、B-c）请参照作品I

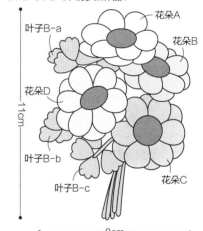

花朵A
花朵B
叶子B-a
花朵D
叶子B-b
叶子B-c
花朵C
11cm
8cm

I、2 花朵的组合方法　组合花片a和b, 制作花朵A～D

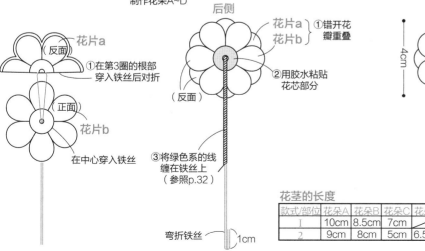

花片a
（反面）
①在第3圈的根部穿入铁丝后对折
（正面）
花片b
在中心穿入铁丝

后侧
花片a
花片b
①错开花瓣重叠
（反面）
②用胶水粘贴花芯部分
③将绿色系的线缠在铁丝上（参照p.32）
弯折铁丝　1cm

花茎的长度

款式/部位	花朵A	花朵B	花朵C	花朵D
I	10cm	8.5cm	7cm	
2	9cm	8cm	5cm	6.5cm

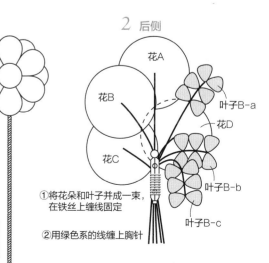

4cm

2 后侧

花A
花B
花C
叶子B-a
花D
叶子B-b
叶子B-c
①将花朵和叶子并成一束, 在铁丝上缠线固定
②用绿色系的线缠上胸针

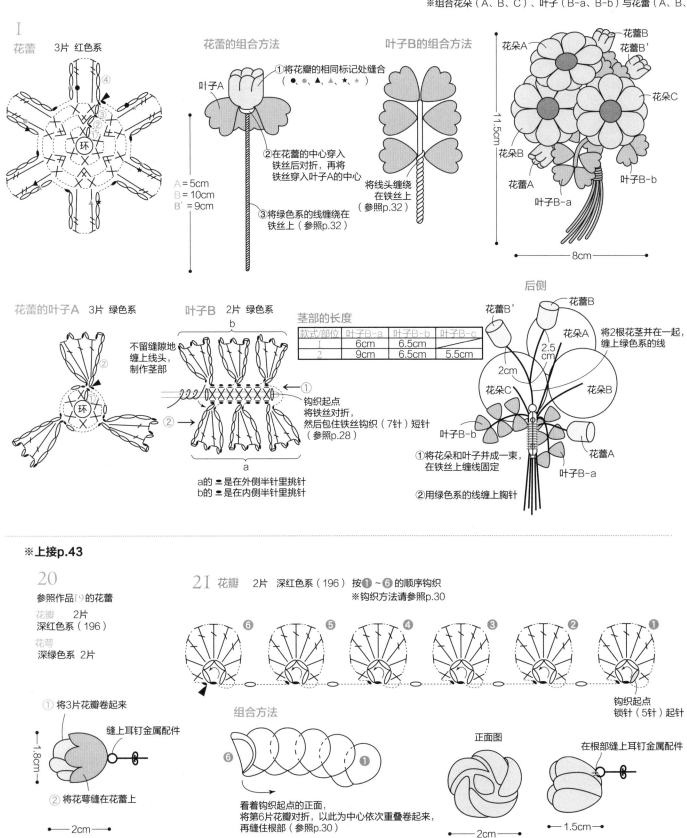

I
花蕾　3片　红色系

花蕾的组合方法

①将花瓣的相同标记处缝合
（● . ▲ ▴ ★ ☆）

叶子A

②在花蕾的中心穿入
铁丝后对折，再将
铁丝穿入叶子A的中心

③将绿色系的线缠绕在
铁丝上（参照p.32）

A=5cm
B=10cm
B'=9cm

叶子B的组合方法

将线头缠绕
在铁丝上
（参照p.32）

花朵A
花蕾B
花蕾B'
花朵C
花朵B
花蕾A
叶子B-a
叶子B-b

11.5cm

8cm

花蕾的叶子A　3片　绿色系

②
环
①

叶子B　2片　绿色系

b

不留缝隙地
缠上线头，
制作茎部

①
钩织起点
将铁丝对折，
然后包住铁丝钩织（7针）短针
（参照p.28）

②

a

a的 ╪ 是在外侧半针里挑针
b的 ╪ 是在内侧半针里挑针

茎部的长度

款式/部位	叶子B-a	叶子B-b	叶子B-c
1	6cm	6.5cm	
2	9cm	6.5cm	5.5cm

后侧

花蕾B'
花蕾B
花朵A
将2根花茎并在一起，
缠上绿色系的线
2.5cm
2cm
花朵C
花朵B
叶子B-b
花蕾A
叶子B-a

①将花朵和叶子并成一束，
在铁丝上缠线固定

②用绿色系的线缠上胸针

※上接p.43

20
参照作品19的花蕾

花瓣　2片
深红色系（196）

花萼
深绿色系　2片

①将3片花瓣卷起来
缝上耳钉金属配件
1.8cm
②将花萼缝在花蕾上
2cm

21 花瓣　2片　深红色系（196）　按①~⑥的顺序钩织
※钩织方法请参照p.30

⑥　⑤　④　③　②　①

钩织起点
锁针（5针）起针

组合方法

⑥　①

看着钩织起点的正面，
将第6片花瓣对折，以此为中心依次重叠卷起来，
再缝住根部（参照p.30）

正面图

2cm

在根部缝上耳钉金属配件

1.5cm

3、4 罂粟花 *Poppy*

图片 p.5

❖准备材料

[线] 奥林巴斯　25 号刺绣线
3　橙色系（523）…1 支，绿色系（2445）…0.5 支，黄绿色系（227）、
黄色系（544）…各少许
4　黄绿色系（227）、黄色系（501、544）、橙色系（523、534）、
白色系（800）、本白色系（850）、绿色系（2445）…各 1 支
[针] 蕾丝针 2 号
[其他] 旋转式胸针 No.52 金色，胶水
花艺铁丝 28 号…3 30cm×3 根　4 30cm×6 根

❖成品尺寸　参照图示

花蕊 3、4　通用　3＝1片　4＝5片

—— ＝黄色系
—— ＝黄绿色系

④在③的内侧半针里挑针
⑤在③的外侧半针里挑针

花蕾　3、4　通用

黄绿色系 各1个

请参照3的组合方法

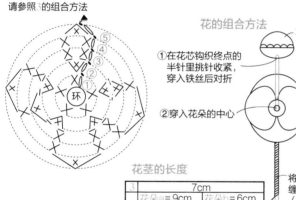

花朵 3　橙色系

4　a＝本白色系　　b＝橙色系（523）
　　c＝橙色系（534）　d＝白色系　e＝黄色系

※③在②的外侧半针里挑针
　⑤在②的内侧半针里挑针

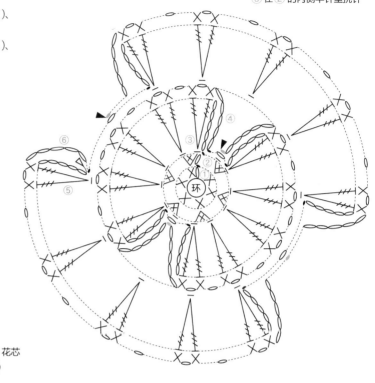

花的组合方法

①在花芯钩织终点的半针里挑针收紧，穿入铁丝后对折

花芯

②穿入花朵的中心

花朵

将绿色系的线缠绕在铁丝上（参照p.32）

②a的 = 是在外侧半针里挑针
　b的 = 是在内侧半针里挑针

3 叶子　绿色系

线的一端不留缝隙地缠绕在铁丝上制作茎部

将铁丝（12cm）对折，然后包住铁丝钩织（8针）短针（参照p.28）

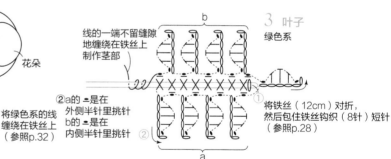

花茎的长度

3	7cm	
	花朵a＝9cm	花朵b＝6cm
4	花朵c＝5.5cm	花朵d＝10cm
	花朵e＝7cm	

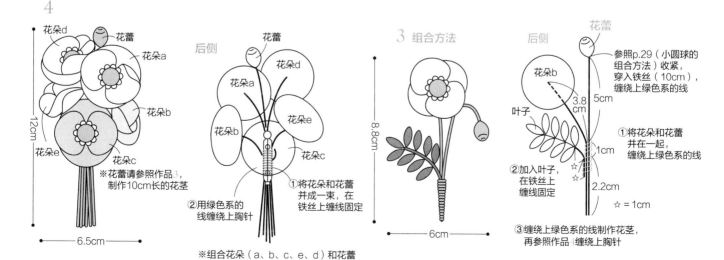

4

花朵d
花蕾
花朵a
花朵b
花朵e
花朵c

12cm

6.5cm

※花蕾请参照作品3，制作10cm长的花茎

后侧

花蕾
花朵d
花朵a
花朵e
花朵b
花朵c

①将花朵和花蕾并成一束，在铁丝上缠线固定
②用绿色系的线缠绕上胸针

※组合花朵（a、b、c、e、d）和花蕾

3 组合方法

8.8cm

6cm

后侧

花蕾
花朵b
叶子

参照p.29（小圆球的组合方法）收紧，穿入铁丝（10cm），缠绕上绿色系的线

3.8cm
5cm
1cm
2.2cm

①将花朵和花蕾并在一起，缠绕上绿色系的线
②加入叶子，在铁丝上缠线固定
☆＝1cm

③缠绕上绿色系的线制作花茎，再参照作品 缠绕上胸针

35

6、9、10 蒲公英 5、7、8 白车轴草 *Dandelion & White clover*

图片 p.6，7　重点教程 p.30

※准备材料

[线] 奥林巴斯　25号刺绣线

蒲公英

6 黄色系（543）、绿色系（2023）…各2支，黄色系（546）…1.5
支，白色系（801）…1支

9 黄色系（543、546）…0.5支

10 黄色系（546）…0.5支

白车轴草

5 本白色系（850）…3支，黄绿色系（212）…2支，绿色系（205）
…1支

7 黄绿色系（212）、本白色系（850）…各0.5支

8 黄绿色系（212）、本白色系（850）…各0.5支

[针] 钩针 2/0 号

[其他] 5,6 按压式胸针 No.104 古金色…各1个　10 耳钩 亚光金色

　　8,9 圆盘戒指托 8mm 古金色　7 耳钩 银白色

花艺铁丝 28 号…5 30cm×8根　6 30cm×9根

※成品尺寸　参照图示

6 花　4朵

—— = 黄色系（546）
—— = 黄色系（543）

②、④ 在前一圈的内侧半针里挑针
③、⑤ 在前一圈的外侧半针里挑针
 = 在锁针的里山挑针引拔

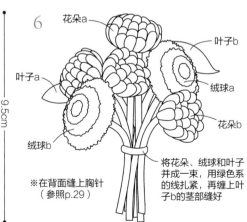

绒球

2个 白色系

※ ②、④、⑥、⑧ 在前一圈的内侧半针里挑针
　 ③、⑤、⑦、⑨ 在前一圈的外侧半针里挑针

叶子　5片 绿色系

钩织起点
锁针（5针）起针

花萼

4片
绿色系

茎部的制作方法　绿色系

将铁丝的两端拧出小圆环，
然后包住铁丝钩织短针（参照p.28）

茎部的尺寸

茎部的长度

	a	b
花朵	a=7.5cm	b～d=6cm
叶子	a=6cm	b=10cm
绒球	a=6.5cm	b=4cm

叶子的组合方法

叶子a
将茎部a缝在
叶子的背面
3cm

叶子b
将茎部b缝在
叶子的背面
4.5cm

花朵和绒球的组合方法

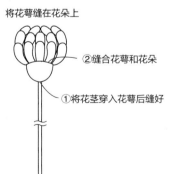

将花萼缝在花朵上
②缝合花萼和花朵
①将花茎穿入花萼后缝好

6

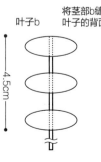

花朵a
叶子b
叶子a
绒球a
绒球b
花朵b

9.5cm

将花朵、绒球和叶子
并成一束，用绿色系
的线扎紧，再缠上叶
子b的茎部缝好

※在背面缝上胸针
（参照p.29）

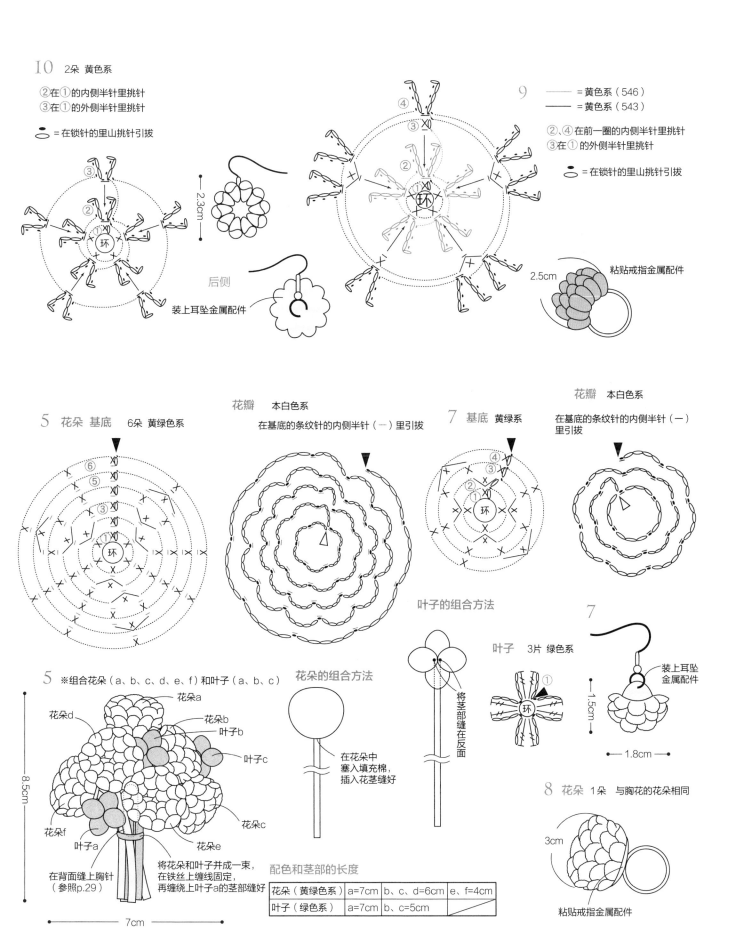

10　2朵　黄色系

②在①的内侧半针里挑针
③在①的外侧半针里挑针

○ = 在锁针的里山挑针引拔

9　── = 黄色系（546）
　　── = 黄色系（543）

②、④在前一圈的内侧半针里挑针
③在①的外侧半针里挑针

○ = 在锁针的里山挑针引拔

2.3cm

后侧

装上耳坠金属配件

2.5cm

粘贴戒指金属配件

5　花朵 基底　6朵 黄绿色系

花瓣　本白色系
在基底的条纹针的内侧半针（一）里引拔

7　基底　黄绿系

花瓣　本白色系
在基底的条纹针的内侧半针（一）里引拔

叶子的组合方法

叶子　3片 绿色系

7

装上耳坠金属配件

1.5cm

1.8cm

5　※组合花朵（a、b、c、d、e、f）和叶子（a、b、c）

花朵a
花朵d
花朵b
叶子b
叶子c
花朵c
花朵e
花朵f
叶子a

8.5cm
7cm

在背面缝上胸针
（参照p.29）

将花朵和叶子并成一束，
在铁丝上缠线固定，
再缠绕上叶子a的茎部缝好

花朵的组合方法

在花朵中
塞入填充棉，
插入花茎缝好

将茎部缝
在反面

8　花朵　1朵　与胸花的花朵相同

3cm

粘贴戒指金属配件

配色和茎部的长度

花朵（黄绿色系）	a=7cm	b、c、d=6cm	e、f=4cm
叶子（绿色系）	a=7cm	b、c=5cm	

37

II、I2 庭荠 *Sweet alyssum*

图片 p.8

※准备材料

[线] 奥林巴斯　25 号刺绣线

II 浅橙色系（111）、浅绿色系（251）、黄绿色系（273）、本白色系（850）…各 0.5 支

I2 浅绿色系（251）、黄绿色系（273）、本白色系（850）…各 1 支，浅橙色系（111）…0.5 支，粉色系（125）…少许

[针] 蕾丝针 0 号

[其他] II 不锈钢 U 字形耳钩 金色，小圆环（2mm）金色…2 个

　　　 I2 按压式胸针 No.104 古金色

※成品尺寸　参照图示

II、I2

花朵a, a'

II = 花朵a、花朵b　各2朵

I2 = 花朵a、花朵a' 各2朵　　花朵b　1朵

钩织4针狗牙拉针

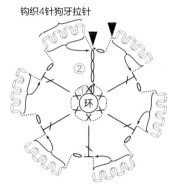

花朵b

钩织4针狗牙拉针

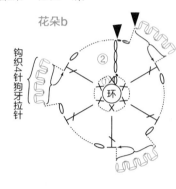

II

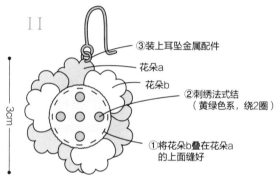

③装上耳坠金属配件

花朵a

花朵b

②刺绣法式结（黄绿色系，绕2圈）

①将花朵b叠在花朵a的上面缝好

3cm

花朵a、花朵a'和花朵b的配色

款式/部位	①	②		法式结
花朵a	浅绿色系	——＝浅绿色系	——＝浅橙色系	黄绿色系
花朵a'	浅绿色系	——＝浅绿色系	——＝本白色系	粉色系
花朵b	浅绿色系	——＝浅绿色系	——＝本白色系	粉色系

I2 叶子　2片　黄绿色系

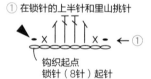

①在锁针的上半针和里山挑针

钩织起点
锁针（8针）起针

I2 花茎a　黄绿色系

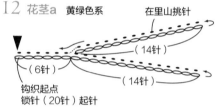

在里山挑针

（14针）

（6针）

（14针）

钩织起点
锁针（20针）起针

5cm

I2 花茎b　黄绿色系

在里山挑针

（10针）

（5针）

（10针）

（10针）

钩织起点
锁针（15针）起针

4cm

I2 组合方法

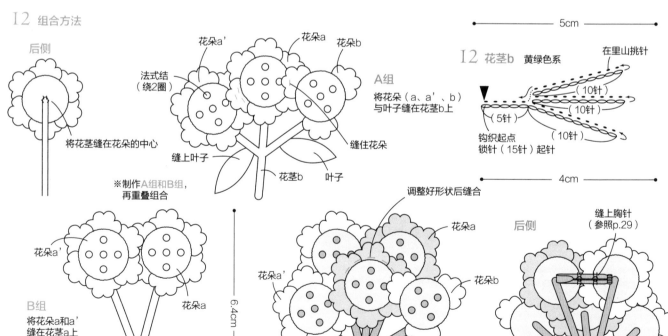

后侧

将花茎缝在花朵的中心

花朵a'

花朵a

花朵b

法式结（绕2圈）

A组
将花朵（a、a'、b）与叶子缝在花茎b上

缝住花朵

缝上叶子

花茎b

叶子

※制作A组和B组，再重叠组合

花朵a'

花朵a

B组
将花朵a和a'缝在花茎a上

花茎a

6.4cm

调整好形状后缝合

花朵a

花朵a'

花朵b

6.6cm

后侧

缝上胸针（参照p.29）

缝合花茎a和b

I3、I4 草莓 *Strawberry*

图片 p.9

※准备材料

[线] 奥林巴斯　25 号刺绣线

I3 绿色系（277）、白色系（801）、红色系（1053）…各 1 支，黄色系（501）…少许

I4 浅粉色系（101）、绿色系（265）…各 1 支，白色系（801）、粉色系（1084）…各 0.5 支，黄色系（501）…少许

[针] 蕾丝针 0 号

[其他] 按压式胸针 No.104 古金色…各 1 个

※成品尺寸　参照图示

花朵　花朵a ——— = 黄色系　——— = 白色系
花朵b ——— = 黄色系　——— = 浅粉色系

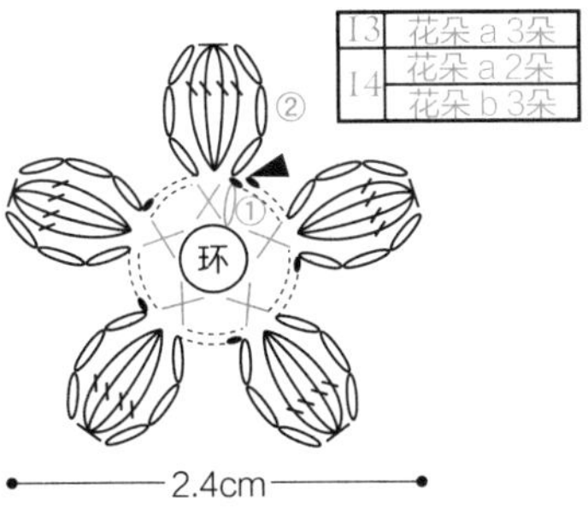

I3	花朵 a 3朵
I4	花朵 a 2朵
	花朵 b 3朵

蒂部

I3 = 绿色系 2片
I4 = 绿色系 1片

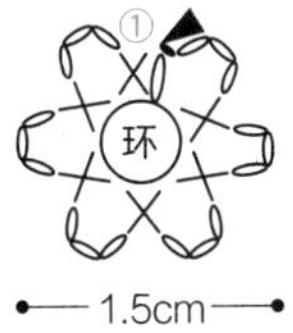

※在钩织起点预留20cm长的线头用于组合

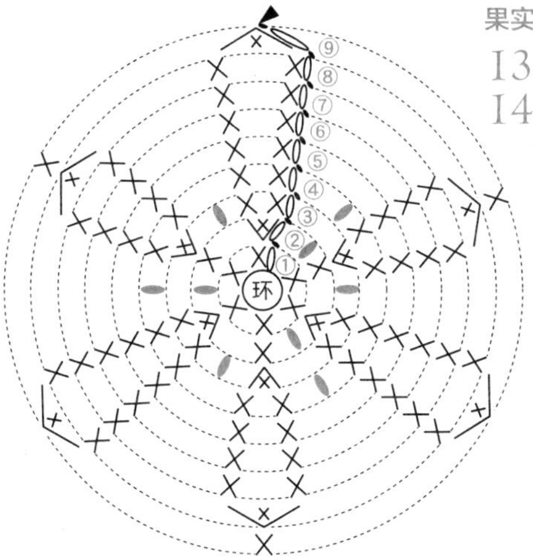

← 2.4cm →
← 1.5cm →

果实

I3 = 红色系 2个
I4 = 粉色系 1个

⬮ = 刺绣位置 白色系

叶子a

I3 = 绿色系 2片
I4 = 绿色系 1片

钩织起点 锁针（6针）起针
← 3.5cm →
3.2cm

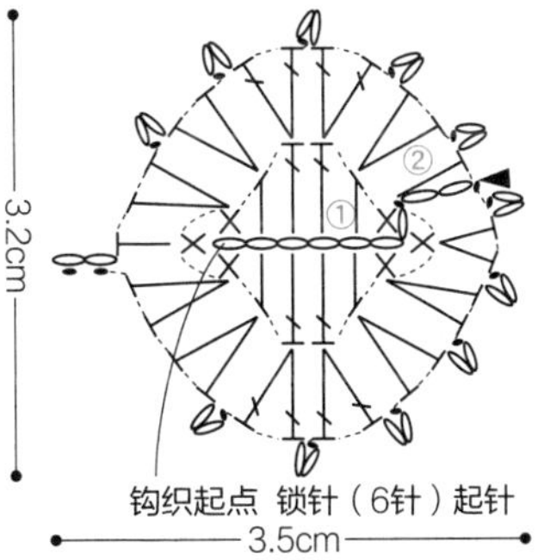

叶子b

I3 = 绿色系 1片
I4 = 绿色系 1片

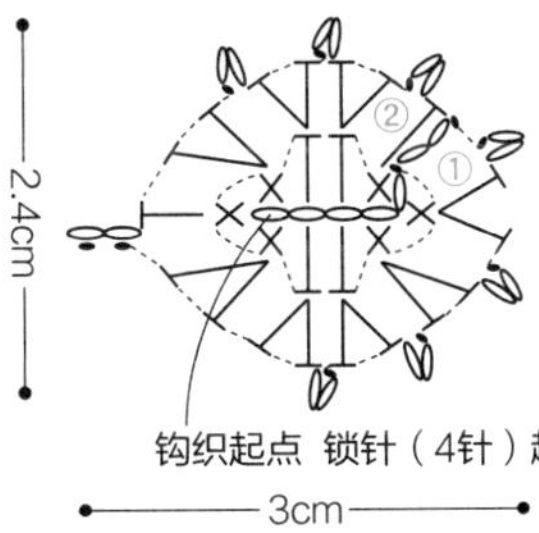

钩织起点 锁针（4针）起针
← 3cm →
2.4cm

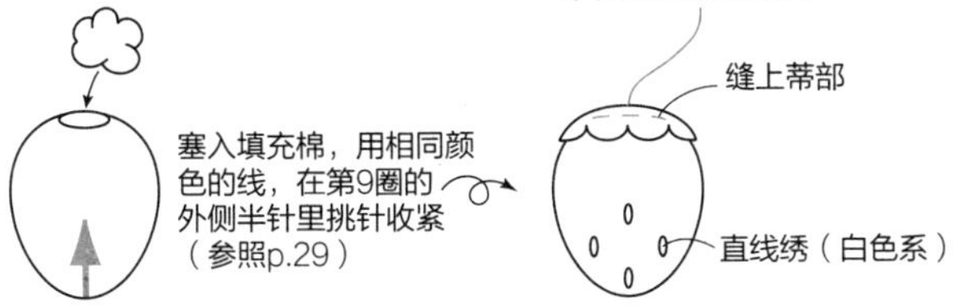

塞入填充棉，用相同颜色的线，在第9圈的外侧半针里挑针收紧（参照p.29）

果实的组合方法

缝上蒂部
直线绣（白色系）

I4

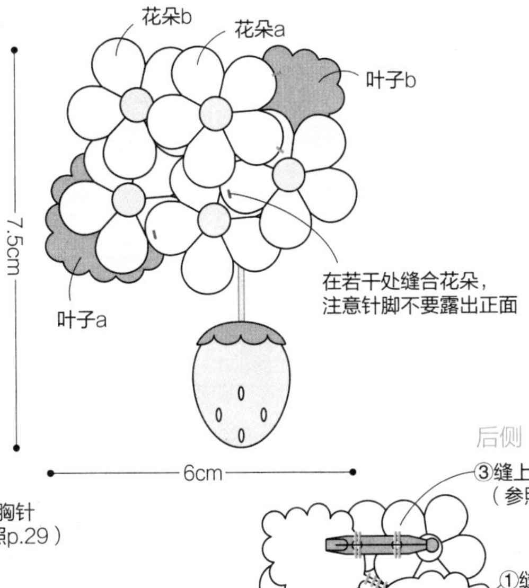

花朵b
花朵a
叶子b
叶子a

7.5cm

在若干处缝合花朵，注意针脚不要露出正面

← 6cm →

I3

花朵a
叶子a
叶子b

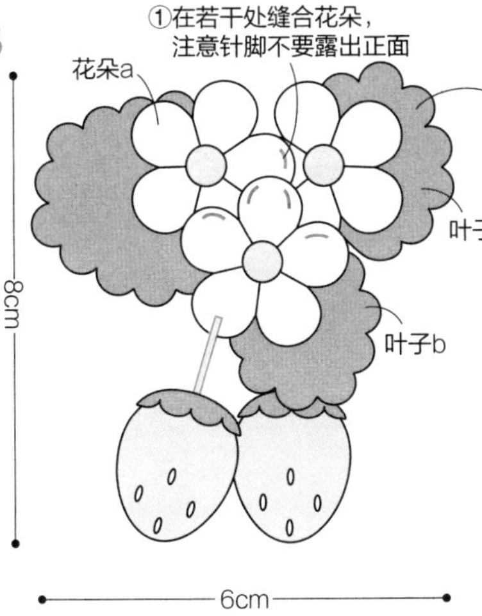

① 在若干处缝合花朵，注意针脚不要露出正面

② 在若干处缝合花朵和叶子，注意针脚不要露出正面

8cm
← 6cm →

后侧

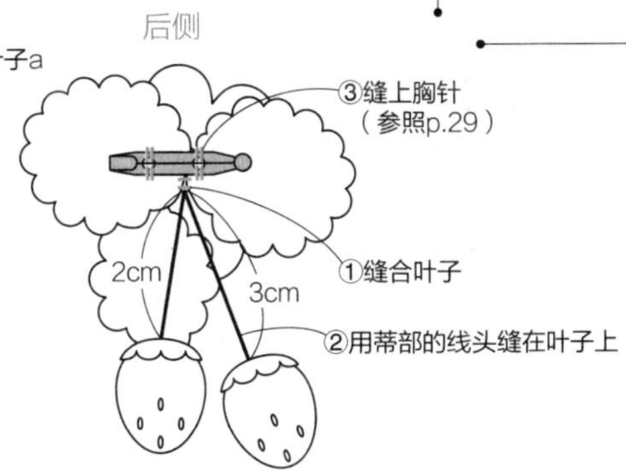

③ 缝上胸针（参照p.29）
① 缝合叶子
② 用蒂部的线头缝在叶子上

2cm
3cm

后侧

③ 缝上胸针（参照p.29）
① 缝合叶子
② 用蒂部的线头缝在叶子上

3cm

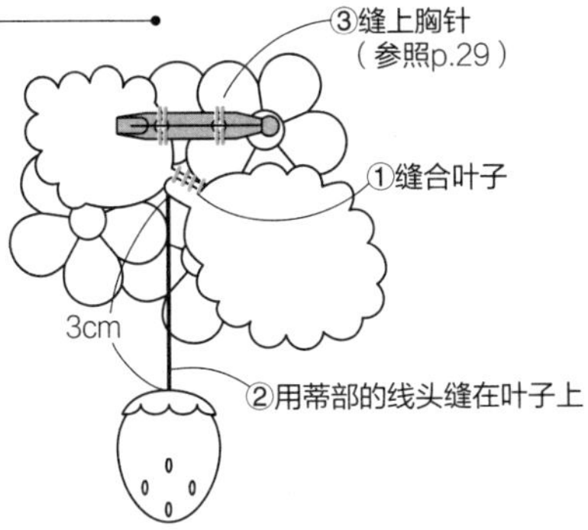

15、16 富贵菊 *Cineraria*

图片 p.10　重点教程 p.30

❖准备材料
［线］奥林巴斯　25号刺绣线
15 绿色系（2022）…2支，浅紫色系（611）…1.5支，白色系（800）
…1支，蓝色系（324、643）、浅紫色系（621）…各0.5支
16 绿色系（246）…2支，粉色系（1041）…1.5支，浅粉色系（100）
…1支，绿色系（291）、奶黄色系（520）、粉色系（1045）…各0.5支
［针］钩针2/0号
［其他］按压式胸针 No.104 古金色…各1个

❖成品尺寸　参照图示

15、16 基底

①～⑦ 2片
⑧、⑨ 边缘编织

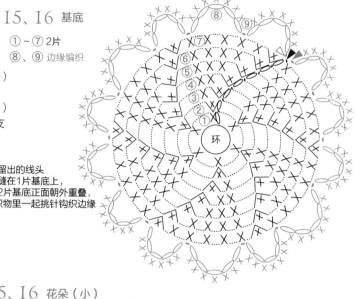

※用花芯留出的线头
将花朵缝在1片基底上，
然后将2片基底正面朝外重叠，
在2片织物里一起挑针钩织边缘

15、16 花朵（大）

a、b 各1朵

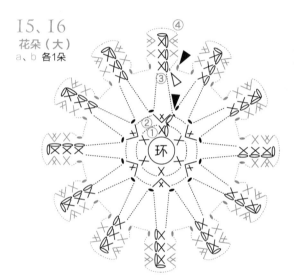

15、16 花朵（小）

a 2朵　b 1朵

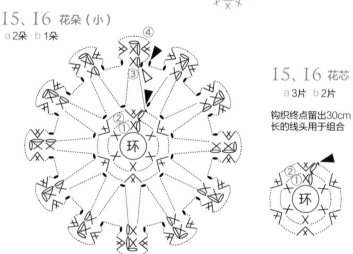

15、16 花芯

a 3片　b 2片

钩织终点留出30cm
长的线头用于组合

款式/部位		花朵（大）、花朵（小）		花芯		基底、边缘编织
配色表	15 a	①～③=白色系（800）	④浅紫色系（611）	①=蓝色系（324）	②=蓝色系（643）	绿色系
	15 b	①～③=浅紫色系（611）	④浅紫色系（621）	①=蓝色系（643）	②=蓝色系（324）	
	16 a	①～③=浅粉色系	④粉色系（1041）	①=奶黄色系	②=绿色系（291）	绿色系（246）
	16 b	①～③=粉色系（1041）	④粉色系（1045）	①=绿色系（291）	②=奶黄色系	

花朵的组合方法

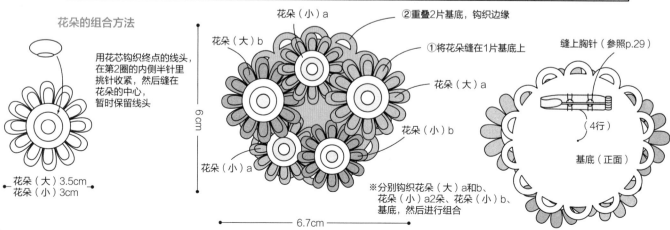

用花芯钩织终点的线头，
在第2圈的内侧半针里
挑针收紧，然后缝在
花朵的中心，
暂时保留线头

花朵（大）3.5cm
花朵（小）3cm

花朵（小）a
花朵（大）b
花朵（大）a
花朵（小）b
花朵（小）a

②重叠2片基底，钩织边缘
①将花朵缝在1片基底上
6cm

※分别钩织花朵（大）a和b、
花朵（小）a2朵、花朵（小）b、
基底，然后进行组合

6.7cm

缝上胸针（参照p.29）
（4行）
基底（正面）

17、18 勿忘草 *Forget-me-not*

图片 p.11

◈准备材料

[线] 奥林巴斯　25 号刺绣线

17　绿色系（2071）…1.5 支，粉色系段染（38）、粉色（125、127）
…各 1 支，绿色系（290）、黄色系（502、542）…各 0.5 支

18　绿色系（254）…1.5 支，浅蓝色系段染（22）、浅蓝色系（302）、蓝
色系（364）…各 1 支，绿色系（290）、黄色系（502、542）…各 0.5 支

[针] 钩针 2/0 号

[其他] 按压式胸针 No.104 古金色…各 1 个

花艺铁丝 26 号…36cm×各 3 根

◈成品尺寸　参照图示

花朵a、b、c　※配色和数量请参照 p.42 的表格

钩织起点的线环（参照 p.60）要绕 3 圈线，
钩织第 1 圈后收紧线环

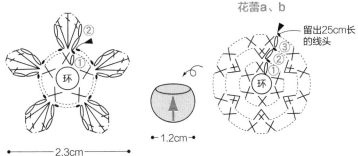

花蕾a、b

留出 25cm 长
的线头

2.3cm　　1.2cm

花茎骨架的制作方法

将铁丝对折，一边制作花茎的形状一边拧紧

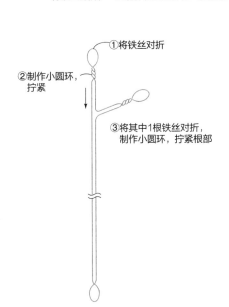

①将铁丝对折

②制作小圆环，
拧紧

③将其中 1 根铁丝对折，
制作小圆环，拧紧根部

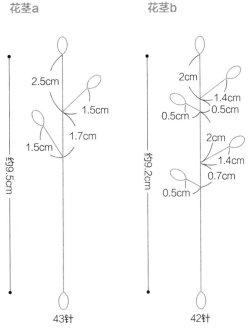

花茎a

2.5cm

1.5cm

1.7cm

1.5cm

约9.5cm

43针

花茎b

2cm

1.4cm
0.5cm

0.5cm

2cm

1.4cm

0.7cm

0.5cm

约9.2cm

42针

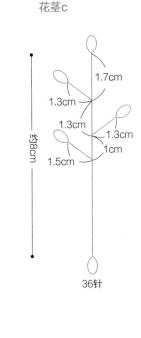

花茎c

1.7cm

1.3cm

1.3cm

1.3cm

1cm

1.5cm

约8cm

36针

17、18

组合方法

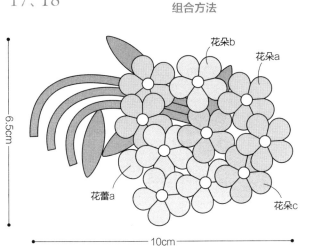

6.5cm

花朵b

花朵a

花蕾a

花朵c

10cm

后侧

用相同颜色的线
将花茎缠绕在一起

缝上胸针

花茎a

花茎b

花茎c

花蕾b

※组合花茎a、b、c

花茎的钩织方法 ※一边包住铁丝钩织短针（参照p.28），一边钩织出叶子

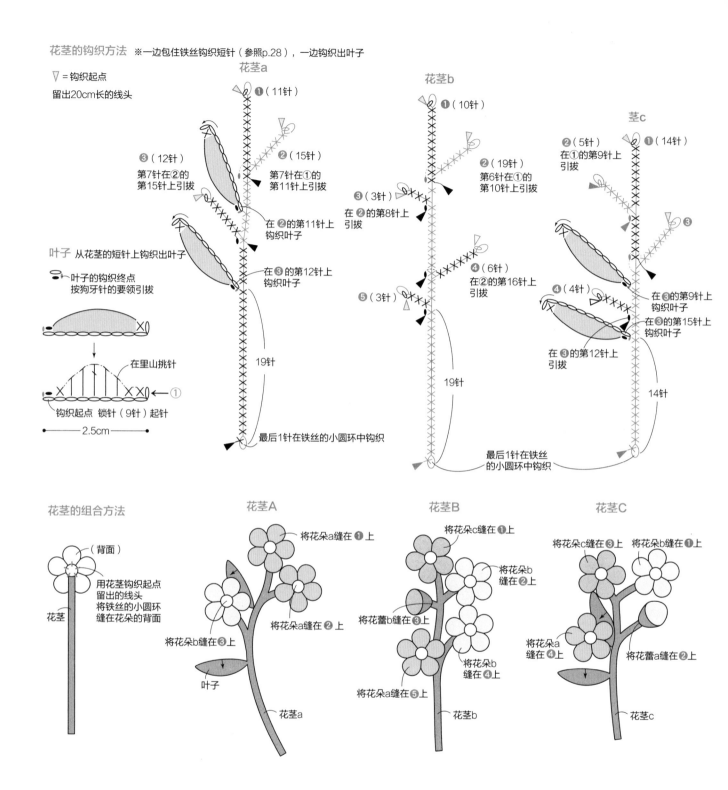

▽ = 钩织起点
留出20cm长的线头

花茎a

❶（11针）

❸（12针）
第7针在❷的
第15针上引拔

❷（15针）
第7针在❶的
第11针上引拔

在❷的第11针上
钩织叶子

在❸的第12针上
钩织叶子

叶子 从花茎的短针上钩织出叶子

叶子的钩织终点
按狗牙针的要领引拔

在里山挑针

钩织起点 锁针（9针）起针

2.5cm

19针

最后1针在铁丝的小圆环中钩织

花茎b

❶（10针）

❷（19针）
第6针在❶的
第10针上引拔

❸（3针）
在❷的第8针上
引拔

❹（6针）
在❷的第16针上
引拔

❺（3针）

19针

最后1针在铁丝
的小圆环中钩织

茎c

❶（14针）

❷（5针）
在❶的第9针上
引拔

❸

❹（4针）

在❸的第9针上
钩织叶子

在❸的第15针上
钩织叶子

在❸的第12针上
引拔

14针

花茎的组合方法

（背面）

花茎

用花茎钩织起点
留出的线头
将铁丝的小圆环
缝在花朵的背面

花茎A

将花朵a缝在❶上

将花朵a缝在❷上

将花朵b缝在❸上

叶子

花茎a

花茎B

将花朵c缝在❶上

将花朵b
缝在❷上

将花朵b缝在❸上

将花朵b
缝在❹上

将花朵a缝在❺上

花茎b

花茎C

将花朵c缝在❸上

将花朵b缝在❶上

将花朵a
缝在❹上

将花朵a缝在❷上

花茎c

花朵、花蕾、花茎、叶子的配色和数量

款式/部位	花朵a（4朵）	花朵b（4朵）	花朵c（2朵）	花蕾a（1个）	花蕾b（1个）	花茎、叶子
17	①＝黄色系（542）	①＝绿色系（290）	①＝黄色系（502）	①、②＝粉色系（125）	①、②＝粉色系（127）	绿色系（2071）
	②＝粉色系段染	②＝粉色系（125）	②＝粉色系（127）	③＝绿色系（2071）	③＝绿色系（2071）	
18	①＝黄色系（542）	①＝绿色系（290）	①＝黄色系（502）	①、②＝蓝色系（364）	①、②＝浅蓝色系（302）	绿色系（254）
	②＝浅蓝色系段染	②＝浅蓝色系（302）	②＝蓝色系（364）	③＝绿色系（254）	③＝浅蓝色系（302）	

19、20、21 玫瑰 *Rose*

图片 p.12　重点教程 p.30

※准备材料

[线] 奥林巴斯　25 号刺绣线

19 深红色系（194）…4.5 支，深红色系（196）、深绿色系（2015）
…各 2 支

20 深红色系（196）…0.5 支，深绿色系（2015）…0.2 支

21 深红色系（196）…1 支

[针] 蕾丝针 2 号

[其他] 19 按压式胸针 No.104 古金色…1 个　20 带连接环的耳钉
亚光银色…1 对　21 带连接环的耳钉 亚光金色…1 对

※成品尺寸　参照图示

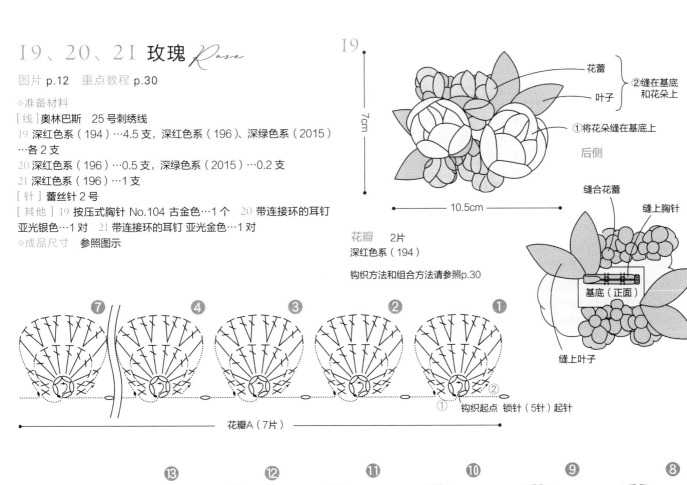

花瓣　2 片
深红色系（194）

钩织方法和组合方法请参照p.30

花瓣A（7片）

钩织起点 锁针（5针）起针

花瓣C（2片）　　花瓣B（4片）

叶子　4片 深绿色系

0.8cm（1行）

钩织起点 锁针（10针）起针

3.6cm

1.5cm　正面

重叠1.5cm缝合

基底
深红色系
（194）

2cm（7行）

钩织起点 锁针（12针）起针

4cm

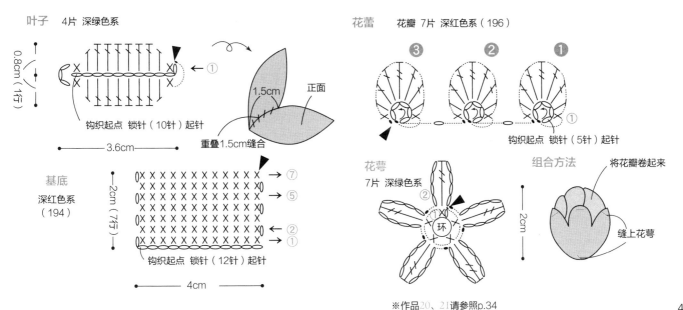

花蕾　花瓣 7片 深红色系（196）

钩织起点 锁针（5针）起针

花萼
7片 深绿色系

环

组合方法

将花瓣卷起来

2cm

缝上花萼

※作品20、21请参照p.34

22、23、24 玛格丽特花 *Margaret*

图片 p.13　重点教程 p.31

❋准备材料

[线] 奥林巴斯　25 号刺绣线
22 黄色系（580）…1 支，黄绿色系（210）、橙色系（555）…各 0.5 支
23 白色系（800）…1 支，黄绿色系（210）、黄色系（580）…各 0.5 支
24 白色系（800）…2 支，黄色系（580）…0.5 支

[针] 蕾丝针 0 号

[其他] 胶水　22,23 圆盘耳钉 金色…各 1 对，小号圆珠 黄色…各 12 颗
24 按压式胸针 No.104 镀镍…1 个，小号圆珠 黄色…30 颗

❋成品尺寸　参照图示

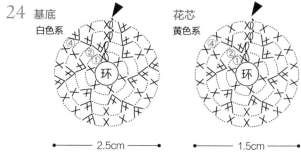

24 基底　白色系
24 花芯　黄色系
━ 2.5cm ━
━ 1.5cm ━

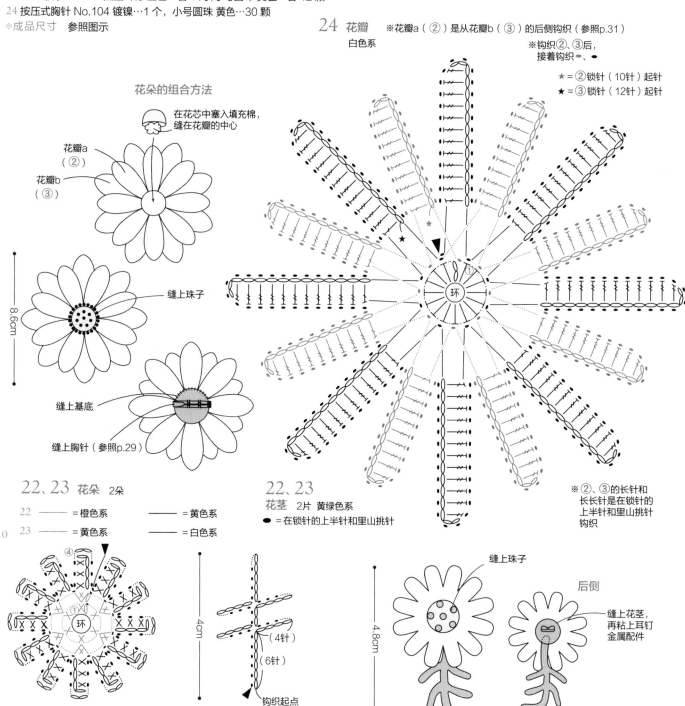

花朵的组合方法

在花芯中塞入填充棉，缝在花瓣的中心

花瓣a（②）
花瓣b（③）

缝上珠子

8.6cm

缝上基底

缝上胸针（参照p.29）

24 花瓣　白色系
※花瓣a（②）是从花瓣b（③）的后侧钩织（参照p.31）
※钩织②、③后，接着钩织━、●

★ = ②锁针（10针）起针
★ = ③锁针（12针）起针

※②、③的长针和长长针是在锁针的上半针和里山挑针钩织

22、23 花朵 2朵
22 ── = 橙色系　━━ = 黄色系
23 ── = 黄色系　━━ = 白色系

22、23 花茎 2片 黄绿色系
● = 在锁针的上半针和里山挑针

── 3.5cm ──

4cm
（4针）
（6针）
钩织起点
── 2cm ──

缝上珠子

4.8cm

后侧

缝上花茎，再粘上耳钉金属配件

10

25、26、27、28 金合欢 *Mimosa*

图片 p.14,15

※准备材料

[线] 奥林巴斯 25 号刺绣线

25 卡其色系（237）…3 支，黄色系（580）…1 支，深绿色系（2015）…0.5 支

26 深绿色系（2015）、黄色系（546、580）…各 0.5 支

27 深绿色系（2015）…3 支，卡其色系（237）、黄色系（546、580）…各 1 支

28 卡其色系（237）、黄色系（580）…各 0.5 支

[针] 蕾丝针 2 号

[其他] 胶水 25 按压式胸针 No.52 金色…1 个 26 圆盘耳钉 亚光金色…1 对 27 按压式胸针 No.104 镀镍…1 个 28 耳钩 亚光金色…1 对

※成品尺寸 参照图示

花朵 a = 黄色系（580）
b = 黄色系（546）} 各15朵

钩织起点和终点各留20cm长的线头用作缝合

叶子 a = 卡其色系（237）
b = 深绿色系（2015）} 各6片

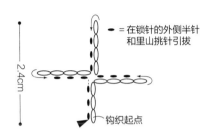

= 在锁针的外侧半针和里山挑针引拔

钩织起点和终点各留20cm长的线头用作缝合

基底的针数表

行数	针数	加针数
8	48	+6
7	42	+6
6	36	+6
5	30	+6
4	24	+6
3	18	+6
2	12	+6
1	6	

基底的组合方法

将缝上了花朵和叶子的正面基底与背面基底重叠在一起，挑取内侧半针做卷针缝合

27

交替着缝上
叶子a 叶子b
花朵b
花朵a
缝在1片基底上

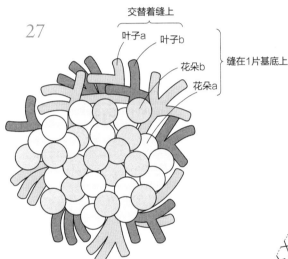

5.6cm

后侧

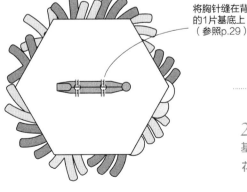

将胸针缝在背面的1片基底上（参照p.29）

5cm

基底 深绿色系 2片

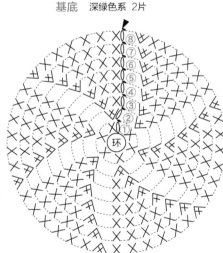

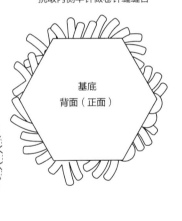

基底
背面（正面）

26

基底 深绿色系 2片

花朵 a = 黄色系（580）4朵
b = 黄色系（546）6朵

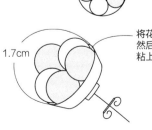

1.7cm

将花朵缝在基底上，然后在基底的中心粘上耳钉金属配件

※基底请参照作品27钩织至第3圈

※花朵请参照作品27

45

叶子a 深绿色系 1片　　　　= 在锁针的外侧半针和里山挑针引拔

叶子c 基底 卡其色系 1片
花朵 黄色系 23朵
钩织方法请参照作品27

按❶~❿ 的顺序钩织

= 在锁针的外侧半针和
里山挑针引拔

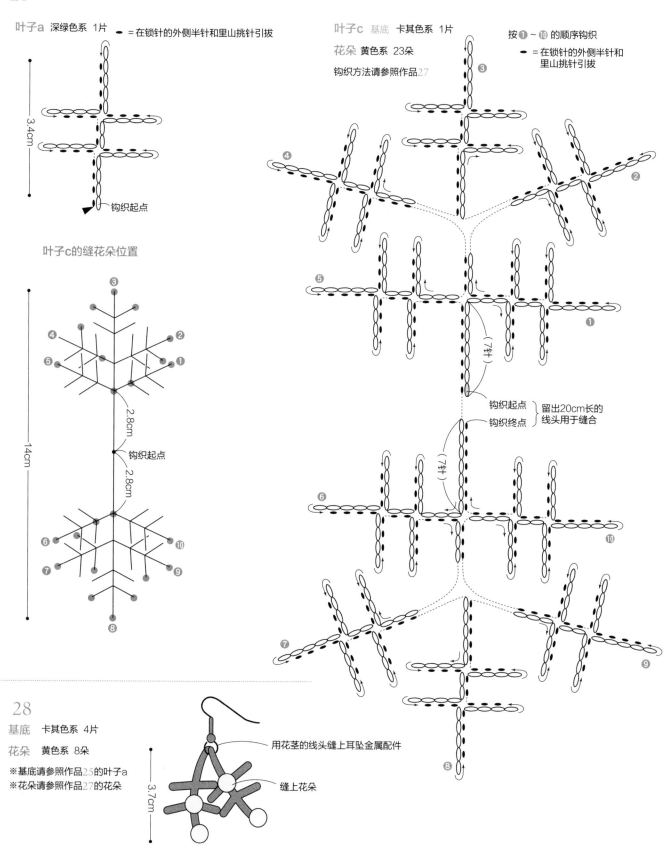

3.4cm

钩织起点

叶子c的缝花朵位置

14cm

2.8cm
2.8cm

钩织起点

（7针）

钩织起点
钩织终点

留出20cm长的
线头用于缝合

（7针）

基底 卡其色系 4片
花朵 黄色系 8朵

※基底请参照作品25的叶子a
※花朵请参照作品27的花朵

3.7cm

用花茎的线头缝上耳坠金属配件

缝上花朵

25 叶子b 深绿色系 1片

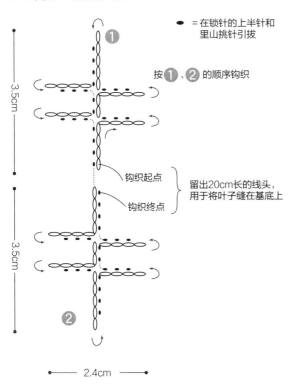

● = 在锁针的上半针和里山挑针引拔

按❶、❷ 的顺序钩织

3.5cm

3.5cm

钩织起点

钩织终点

留出20cm长的线头，用于将叶子缝在基底上

2.4cm

基底 卡其色系 1片

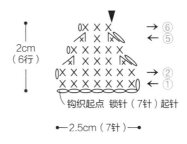

2cm（6行）

→ ⑥
← ⑤
→ ②
← ①

钩织起点 锁针（7针）起针

←2.5cm（7针）→

穗状茎叶   在基底的起针上引拔后继续钩织

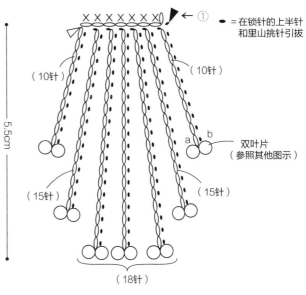

← ①

● = 在锁针的上半针和里山挑针引拔

（10针）   （10针）

5.5cm

a   b 双叶片（参照其他图示）

（15针）   （15针）

（18针）

双叶片的钩织方法

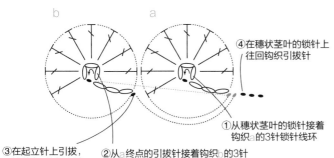

b   a

④在穗状茎叶的锁针上往回钩织引拔针

③在起立针上引拔，接着在a的起立针上引拔

②从a终点的引拔针接着钩织b的3针锁针线环，开始钩织第2个叶片

①从穗状茎叶的锁针接着钩织的3针锁针线环

后侧
（仅标出基底部分）

基底（背面）

缝上胸针（参照p.29）

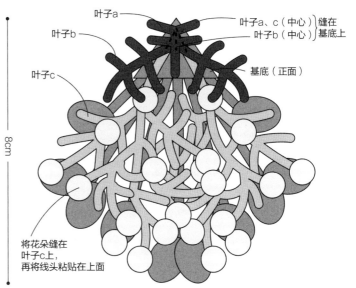

叶子a

叶子a、c（中心）缝在基底上
叶子b（中心）

叶子b

基底（正面）

叶子c

8cm

将花朵缝在叶子c上，再将线头粘贴在上面

29、30 喜林草 *Nemophila*

图片 p.16

❖准备材料

[线]奥林巴斯　25 号刺绣线

29 蓝色系（372A）…1.5 支，绿色系（276）、浅蓝色系（361）…各 0.5 支，黑色（900）…少许

30 蓝色系（372A）、绿色系（276）…各 1 支，浅蓝色系（361）…0.5 支，黑色（900）…少许

[针]蕾丝针 0 号

[其他]29 按压式胸针 No.104 古金色…1 个

❖成品尺寸　参照图示

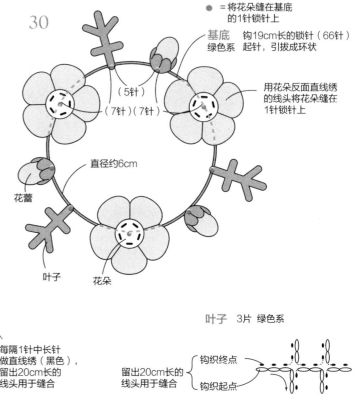

30

● ＝将花朵缝在基底的 1 针锁针上

基底　钩 19cm 长的锁针（66 针）绿色系 起针，引拔成环状

用花朵反面直线绣的线头将花朵缝在 1 针锁针上

（5 针）

（7 针）（7 针）

直径约 6cm

花蕾

叶子　花朵

花朵　3 朵

───── ＝浅蓝色系

═════ ＝蓝色系

② ①

环

每隔 1 针中长针做直线绣（黑色），留出 20cm 长的线头用于缝合

2.8cm

叶子　3 片　绿色系

钩织终点

留出 20cm 长的线头用于缝合

钩织起点

2.4cm

花蕾的花骨朵　3 个　蓝色系

10 针长针的枣形针

1.2cm

钩织终点　钩织起点

留出 20cm 长的线头用于缝合

花蕾的叶子　3 片　绿色系

①

环

花蕾的组合方法

花朵

将花骨朵的线头穿入叶子的中心，在反面缝好

叶子

1.2cm

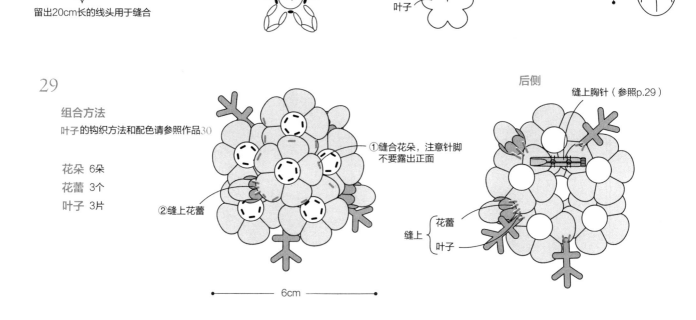

29

组合方法

叶子的钩织方法和配色请参照作品 30

花朵　6 朵

花蕾　3 个

叶子　3 片

①缝合花朵，注意针脚不要露出正面

②缝上花蕾

6cm

后侧

缝上胸针（参照 p.29）

缝上

花蕾

叶子

48

31、32、33 绣球花 *Hydrangea*

图片 p.17

❖准备材料

[线] 奥林巴斯　25号刺绣线

31 浅紫色系（672）、紫色系（674）…各1支，绿色系（2022）…0.5支，蓝色系（304）…少许

32 浅蓝色系（303）、蓝色系（364）…各1支，绿色系（2023）…0.5支，浅绿色系（251）…少许

33 粉色系（126）、浅蓝色系（303）、蓝色系（364）、浅紫色系（672）、绿色系（2022）…各0.5支

[针] 蕾丝针0号

[其他] 31,32 按压式胸针 No.104 古金色…各1个　33 带连接环的耳钉 亚光银色…1对，小圆环（3mm）…2个

❖成品尺寸　参照图示

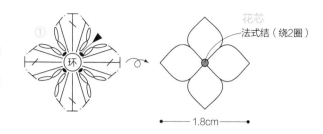

33 花朵 8朵

花芯　法式结（绕2圈）

1.8cm

叶子 绿色系 2片

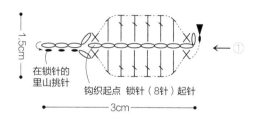

1.5cm

在锁针的里山挑针

钩织起点 锁针（8针）起针

3cm

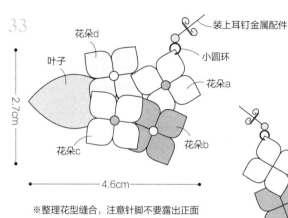

33

叶子　花朵d　装上耳钉金属配件　小圆环　花朵a

花朵c　花朵b

2.7cm

4.6cm

※整理花型缝合，注意针脚不要露出正面

后侧　缝上叶子

花朵的配色和数量

款式/部位	花瓣	花芯（法式结）	数量
花朵a	浅紫色系	蓝色系	2
花朵b	蓝色系	浅蓝色系	2
花朵c	浅蓝色系	蓝色系	2
花朵d	粉色系	浅蓝色系	2

31、32 花朵和叶子的钩织方法请参照作品33

花朵　a=6朵　b=6朵

叶子　绿色系 2片

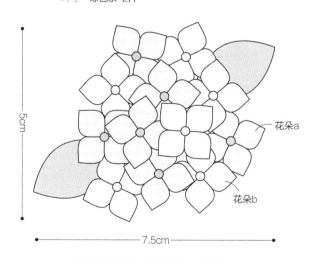

花朵a

花朵b

5cm

7.5cm

※整理好花型缝合，注意针脚不要露出正面

花朵的配色

款式/部位	花瓣	花芯（法式结）
31	花朵a	紫色系	蓝色系
	花朵b	浅紫色系	紫色系
32	花朵a	浅蓝色系	蓝色系
	花朵b	蓝色系	浅绿色系

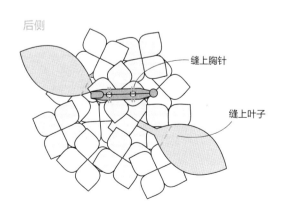

后侧　缝上胸针　缝上叶子

34、35、36 向日葵 *Sunflower*

图片 p.18,19

※准备材料

[线] 奥林巴斯　25 号刺绣线

34 茶色系段染（61）…1 支，绿色系段染（32）、橙色系段染（55）、茶色系（285）、橙色系（524）、黄色系（542、546）、紫色系（654）、土黄色系（712）、绿色系（2022）…各 0.5 支

35 绿色系段染（32）、橙色系（524）、黄色系（546）、紫色系（654）、土黄色系（712）、绿色系（2022）…各 0.5 支

36 绿色系段染（32）、橙色系段染（55）、黄色系（542）、土黄色系（712）、绿色系（2022）…各 0.5 支

[针] 钩针 2/0 号

[其他] 胶水　34 花艺铁丝 20 号…36cm×1 根，按压式胸针 No.104 古金色…1 个　35 项链…1 条　36 圆盘耳钉 古金色…1 对

※成品尺寸　参照图示

34　花朵 a、b　各1朵

※③在②的内侧半针里挑针

※④在②的外侧半针里挑针

※④的 ● 按狗牙针的要领在同一针里引拔

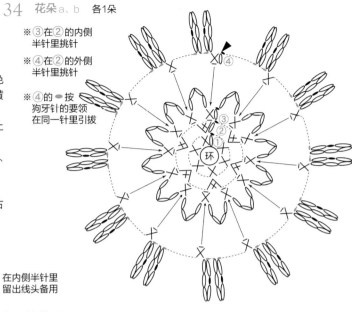

花芯　2片

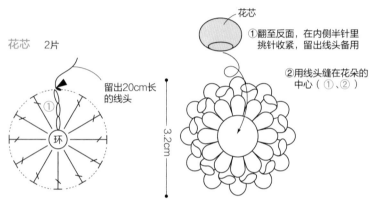

留出20cm长的线头

花芯

①翻至反面，在内侧半针里挑针收紧，留出线头备用

②用线头缝在花朵的中心（①、②）

3.2cm

花朵和花芯的配色

款式/部位	① ～ ③	④	花芯
花朵a	橙色系段染	黄色系（542）	土黄色系
花朵b	橙色系	黄色系（546）	茶色系
花朵c	橙色系	黄色系（546）	土黄色系

果实　4个　紫色系

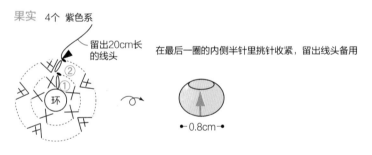

留出20cm长的线头

在最后一圈的内侧半针里挑针收紧，留出线头备用

0.8cm

叶子　a＝绿色系段染　各3片
　　　b＝绿色系

2.3cm

①在锁针的里山挑针

②在锁针的外侧半针里挑针

钩织起点
锁针（5针）起针

2.5cm

花环的制作方法

茶色系段染

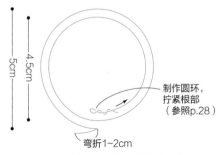

5cm

4.5cm

制作圆环，拧紧根部（参照p.28）

弯折1~2cm

用铁丝重叠着弯折出直径5cm和4.5cm的圆环，终点轻轻弯折一下

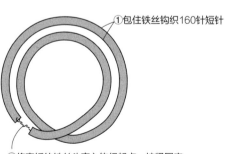

①包住铁丝钩织160针短针

②将弯折的铁丝头穿入钩织起点，拧紧固定

③包住拧紧后的铁丝部分钩织（10针）短针

34 缝合花环，调整形状，再缝上叶子（a、b）、果实、花朵（a、b）

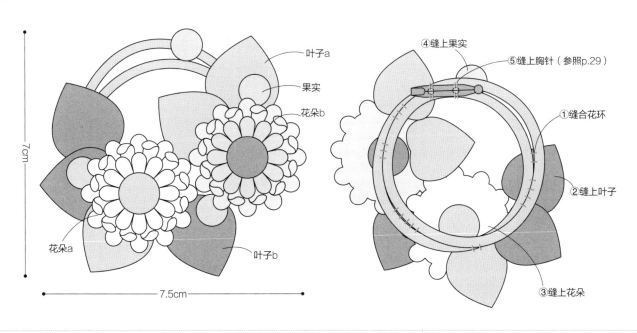

叶子a
果实
花朵b
花朵a
叶子b
7cm
7.5cm

④缝上果实
⑤缝上胸针（参照p.29）
①缝合花环
②缝上叶子
③缝上花朵

35 花朵c、叶子（a、b）、果实的钩织方法请参照作品34

配色和数量

花朵c ①～③＝橙色系 ④＝黄色系（546）

花芯 ＝土黄色系
叶子a ＝绿色系段染…2片
叶子b ＝绿色系…3片
果实 ＝紫色 2个

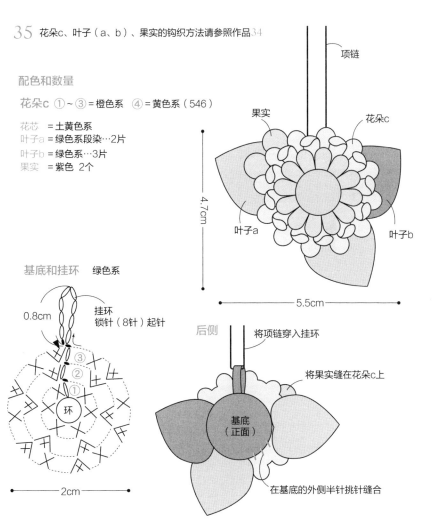

项链
果实
花朵c
叶子a
叶子b
4.7cm
5.5cm

基底和挂环 绿色系

0.8cm
挂环
锁针（8针）起针
①②③
环
2cm

后侧
将项链穿入挂环
将果实缝在花朵c上
基底
（正面）
在基底的外侧半针挑针缝合

36 花朵a、叶子a、叶子b（各2片）
的钩织方法和配色请参照作品34

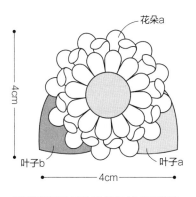

花朵a
叶子b
叶子a
4cm
4cm

※耳钉的叶子a和叶子b要左右对称地组合

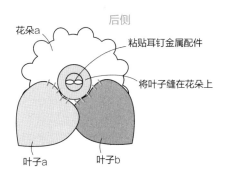

花朵a
后侧
粘贴耳钉金属配件
将叶子缝在花朵上
叶子a
叶子b

51

37、38 风铃草 *Campanula*

图片 p.20

✧准备材料

[线] 奥林巴斯 25 号刺绣线

37 绿色系（2072）…1.5 支，黄绿色系（275）、蓝色系（643）、本白色系（850）…各 1 支，黄色系（522）、粉色系（1041）…各 0.5 支

38 黄绿色系（275）、浅紫色系（600）、蓝色系（643）…各 1 支，黄色系（522）…0.5 支

[针] 蕾丝针 0 号

[其他] 按压式胸针 No.104 古金色…各 1 个

花艺铁丝 24 号…37 9cm×7 根　38 9cm×4 根

✧成品尺寸　参照图示

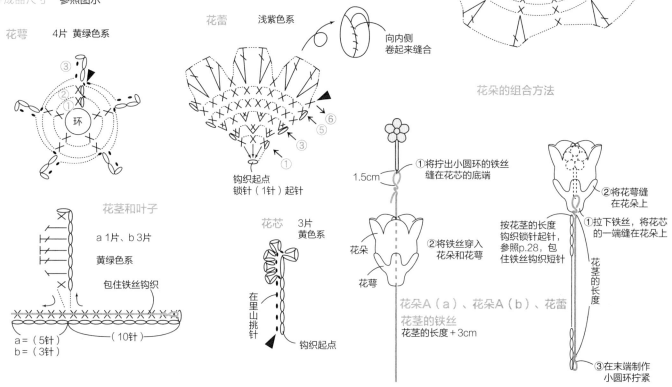

38

花朵A　3朵

a=蓝色系
　浅紫色系

b=蓝色系

环

花萼　4片 黄绿色系

③ ② ① 环

花蕾　浅紫色系

向内侧卷起来缝合

钩织起点
锁针（1针）起针

花芯　3片 黄色系

在里山挑针

钩织起点

花茎和叶子

a 1片、b 3片

黄绿色系

包住铁丝钩织

a =（5针）
b =（3针）

（10针）

花朵的组合方法

1.5cm

①将拧出小圆环的铁丝缝在花芯的底端

②将铁丝穿入花朵和花萼

花朵

花萼

①拉下铁丝，将花芯的一端缝在花朵上

②将花萼缝在花朵上

按花茎的长度钩织锁针起针，参照p.28，包住铁丝钩织短针

花茎的长度

③在末端制作小圆环拧紧

花朵A（a）、花朵A（b）、花蕾
花茎的铁丝
花茎的长度 + 3cm

花朵A（a）、（b）、花蕾的组合方法

花朵A（a）

2.8cm

5cm

叶子

花茎a
锁针
（15针）
起针

花朵A（b）

2.8cm

4cm

叶子

花茎b
锁针
（13针）
起针

花蕾

按花朵相同要领组合

3cm

4cm

叶子

花茎b
锁针
（13针）
起针

花朵A（a）
蓝色系

花朵A（b）
蓝色系

花蕾

8cm

缝合花朵
a、b

6.5cm

后侧

花朵A（a）
浅紫色系

缝上胸针
（参照p.29）

在若干处缝合

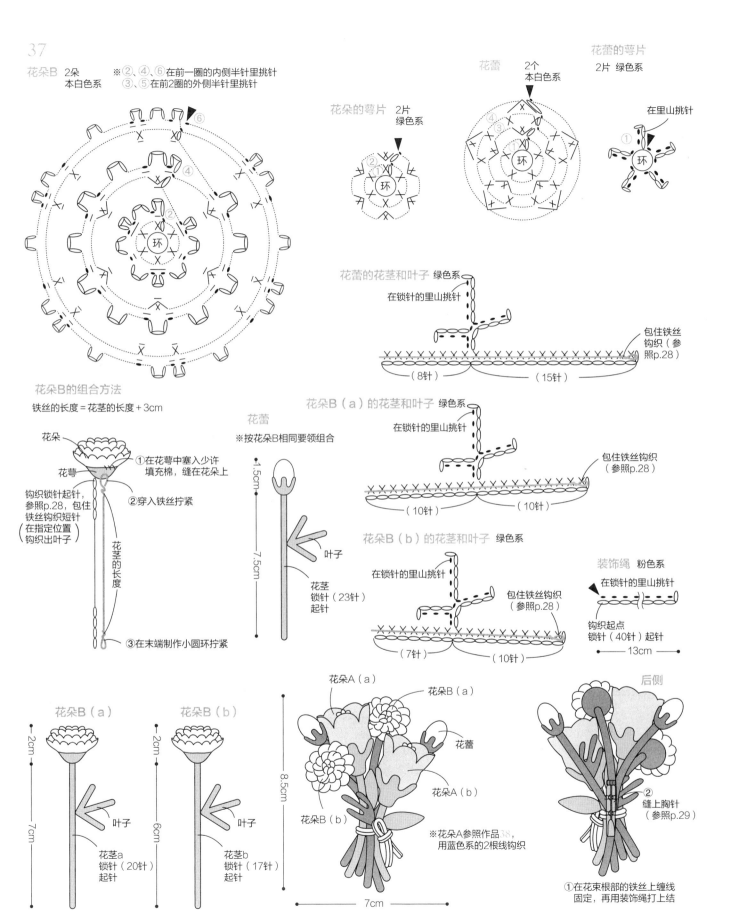

花朵B 2朵　本白色系
※②、④、⑥在前一圈的内侧半针里挑针
③、⑤在前2圈的外侧半针里挑针

花朵的萼片　2片　绿色系

花蕾　2个　本白色系

花蕾的萼片　2片　绿色系

在里山挑针

花蕾的花茎和叶子　绿色系
在锁针的里山挑针
包住铁丝钩织（参照p.28）
（8针）　（15针）

花朵B（a）的花茎和叶子　绿色系
在锁针的里山挑针
包住铁丝钩织（参照p.28）
（10针）　（10针）

花朵B的组合方法
铁丝的长度＝花茎的长度＋3cm

花朵
花萼
钩织锁针起针，参照p.28，包住铁丝钩织短针（在指定位置）钩织出叶子
花茎的长度
①在花萼中塞入少许填充棉，缝在花朵上
②穿入铁丝拧紧
③在末端制作小圆环拧紧

花蕾
※按花朵B相同要领组合
1.5cm
7.5cm
叶子
花茎　锁针（23针）起针

花朵B（b）的花茎和叶子　绿色系
在锁针的里山挑针
包住铁丝钩织（参照p.28）
（7针）　（10针）

装饰绳　粉色系
在锁针的里山挑针
钩织起点　锁针（40针）起针
13cm

花朵B（a）
2cm
7cm
叶子
花茎a　锁针（20针）起针

花朵B（b）
2cm
6cm
叶子
花茎b　锁针（17针）起针

花朵A（a）
花朵B（a）
花蕾
花朵A（b）
花朵A（a）
花朵B（b）
8.5cm
7cm
※花朵A参照作品38，用蓝色系的2根线钩织

后侧
②缝上胸针（参照p.29）
①在花束根部的铁丝上缠线固定，再用装饰绳打上结

39、40 马齿苋 *Portulaca*

图片 p.21

❖准备材料

[线] 奥林巴斯 25 号刺绣线

39 绿色系（2070）…2 支，黄色系（522）、本白色系（850）…各 1 支，黄色系（521）、橙色系（533）、粉色系（1041、1046）…各 0.5 支

40 绿色系（2070）…2 支，黄色系（522）…1 支，黄色系（521）、橙色系（533）、蓝色系（643）、本白色系（850）、粉色系（1041、1046）…各 0.5 支

[针] 蕾丝针 0 号

[其他] 39 按压式胸针 No.104 古金色…1 个，花艺铁丝 24 号…12cm，5 根 40 按压式胸针 No.104 古金色…1 个，花艺铁丝 22 号…30cm，1 根

❖成品尺寸 参照图示

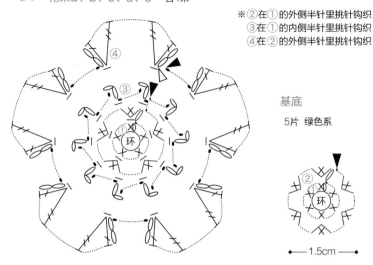

39 花朵 a、b、c、d、e 各 1 朵

※②在①的外侧半针里挑针钩织
③在①的内侧半针里挑针钩织
④在②的外侧半针里挑针钩织

基底

5 片 绿色系

← 1.5cm →

款式/部位	①～③	④
花朵的配色 a	橙色系	黄色系（522）
b	黄色系（521）	橙色系
c	黄色系（522）	本白色系
d	黄色系（522）	粉色系（1046）
e	橙色系	粉色系（1041）

花茎和叶子 a 1 根 绿色系

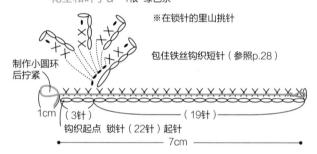

※在锁针的里山挑针

包住铁丝钩织短针（参照 p.28）

制作小圆环后拧紧

1cm （3 针）（19 针）

钩织起点 锁针（22 针）起针

← 7cm →

花茎和叶子 b、c 各 1 根 绿色系

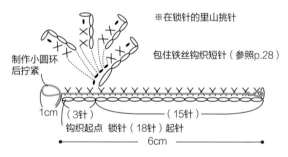

※在锁针的里山挑针

包住铁丝钩织短针（参照 p.28）

制作小圆环后拧紧

1cm （3 针）（15 针）

钩织起点 锁针（18 针）起针

← 6cm →

花茎和叶子 d、e 各 1 根 绿色系

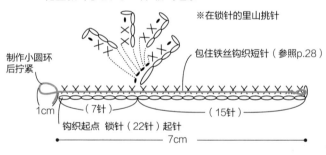

※在锁针的里山挑针

包住铁丝钩织短针（参照 p.28）

制作小圆环后拧紧

1cm （7 针）（15 针）

钩织起点 锁针（22 针）起针

← 7cm →

花朵 A （与花茎和叶子 a 组合）

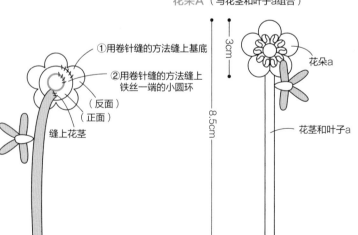

①用卷针缝的方法缝上基底
②用卷针缝的方法缝上铁丝一端的小圆环

（反面）
（正面）

缝上花茎

花朵 a

花茎和叶子 a

3cm

8.5cm

花朵 B、C 各 1 枝 （与花茎和叶子 b、c 组合）

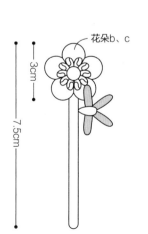

花朵 b、c

3cm

7.5cm

花朵 D、E 各 1 枝 （与花茎和叶子 d、e 组合）

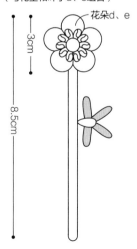

花朵 d、e

3cm

8.5cm

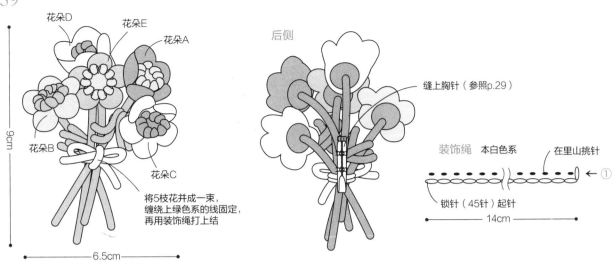

花朵D　花朵E
花朵A
9cm
花朵B
花朵C

将5枝花并成一束，
缠绕上绿色系的线固定，
再用装饰绳打上结

6.5cm

后侧

缝上胸针（参照p.29）

装饰绳　本白色系　　在里山挑针
①
锁针（45针）起针
14cm

花茎和叶子

用绿色系的线一边钩织出叶子，一边包住铁丝钩织短针（80针）

40 花朵

参照作品39，钩织花朵（a、b、
c、e）各1朵和花朵d2朵

花朵钩织1朵，①～③用黄色系（521），
④用蓝色系的线钩织

基底

参照作品39，用绿色系的线钩织7片

花环　用铁丝制作圆环，两端拧紧固定

1.8cm　1.8cm

6,5cm

10针
10针

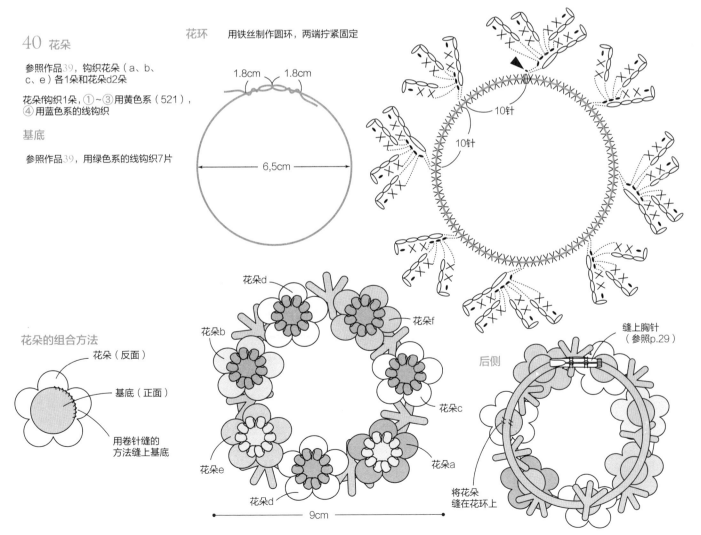

花朵的组合方法

花朵（反面）

基底（正面）

用卷针缝的
方法缝上基底

花朵d
花朵b
花朵f
花朵c
花朵e
花朵a
花朵d

9cm

缝上胸针
（参照p.29）

后侧

将花朵
缝在花环上

41、42、43、44 菊花 *Chrysanthemum*

图片 p.22,23　重点教程 p.31

◇准备材料

[线] 奥林巴斯　25 号刺绣线

41　绿色系（2023）…2 支，浅粉色系（1898）、粉色系（1902）…各 1 支，紫红色系（1904、1908）…各 0.5 支

42　白色系（800）…1 支，绿色系（214）、黄绿色系（2020、2021）…各少许

43　白色系（800）…2 支，黄绿色系（212）…0.5 支，绿色系（214）、黄绿色系（2020、2021）…各少许

44　绿色系（214）、白色系（800）…各 2 支，黄绿色系（2020、2021）…各 0.5 支

[针] 蕾丝针 0 号

[其他] 41,44　按压式胸针 No.104 古金色（2.5cm）…各 1 个，花艺铁丝 28 号…12cm×6 根　42 圆盘耳钉 古金色…1 对

◇成品尺寸　参照图示

花瓣　41　4 片　　①~④ = 粉色系，⑤ = 浅粉色系
　　　44　　　　　①~⑤ = 白色系

※ ② 在 ① 的内侧半针里挑针，③ 在 ① 的外侧半针里挑针
※ ④ 在 ③ 的内侧半针里挑针，⑤ 在 ③ 的外侧半针里挑针

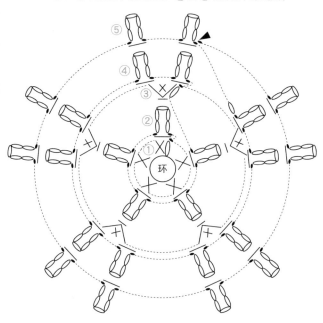

41、44

叶子　4 片　绿色系

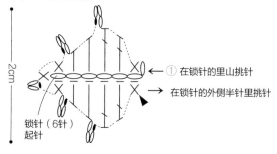

① 在锁针的里山挑针

在锁针的外侧半针里挑针

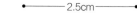
锁针（6 针）起针

2cm

2.5cm

花蕾　2 个

41　a = 紫红色系（1904）
　　b = 粉色系
44　a = 黄绿色系（2020）
　　b = 白色系

在钩织起点引拔

钩织起点
锁针（1 针）起针

花萼　6 片
41 绿色系　44 绿色系

① 环

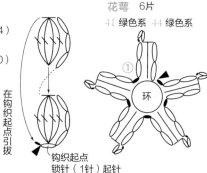

花芯　4 片

② 从 ① 的后侧在起针上钩织

① 锁针（3 针）起针

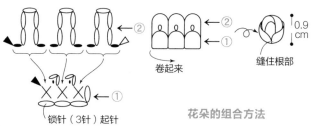

卷起来

缝住根部

0.9cm

花芯的配色

| 41 | ① = 紫红色系（1908）、② = 紫红色系（1904） |
| 44 | ① = 黄绿色系（2021）、② = 黄绿色系（2020） |

铁丝的安装方法

② 制作小圆环后拧紧

① 将 12cm 长的铁丝穿入花萼

① 拉下铁丝，缝住小圆环

花蕾　6.5cm
花朵 a　6cm
花朵 b　7cm

② 按花茎的长度弯折后拧紧

花蕾的组合方法

花蕾

缝合，注意针脚不要露出正面

将钩织终点处理好的线头穿入花萼，将钩织终点的线头穿入花萼

包住铁丝钩织 25 针短针（参照 p.28）

花朵的组合方法

参照花蕾，分别制作花朵 a、b、c 各 2 枝

穿入花芯花瓣的线头花芯花瓣

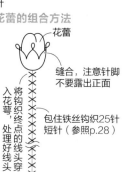

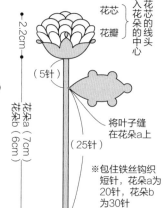

1.8cm

（7 针）

缝上叶子

6.5cm

（18 针）

2.2cm

（5 针）

花朵 a（7cm）
花朵 b（6cm）

将叶子缝在花朵 a 上

※ 包住铁丝钩织短针，花朵 a 为 20 针，花朵 b 为 30 针

（25 针）

41、44 组合花朵a、b各2枝和花蕾a、b

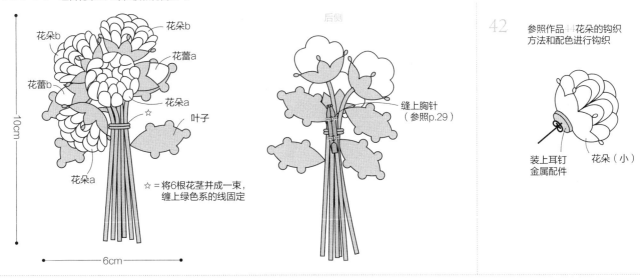

花朵b
花朵b
花蕾a
花蕾b
花朵a
花朵a
叶子
10cm
☆
☆ = 将6根花茎并成一束，缠上绿色系的线固定
6cm

后侧
缝上胸针（参照p.29）

42 参照作品H花朵的钩织方法和配色进行钩织

装上耳钉金属配件
花朵（小）

43 手链的组合方法请参照p.58

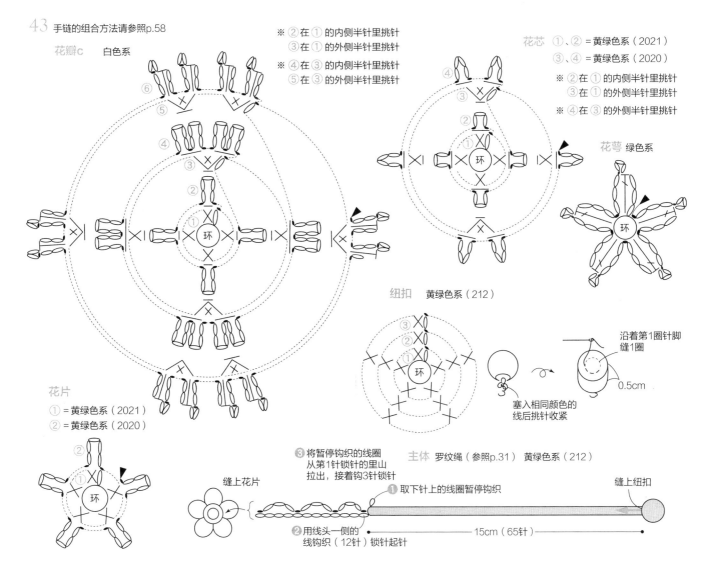

花瓣c　白色系

※ ② 在 ① 的内侧半针里挑针
③ 在 ① 的外侧半针里挑针

※ ④ 在 ③ 的内侧半针里挑针
⑤ 在 ③ 的外侧半针里挑针

花芯　①、② = 黄绿色系（2021）
③、④ = 黄绿色系（2020）

※ ② 在 ① 的内侧半针里挑针
③ 在 ① 的外侧半针里挑针

※ ④ 在 ③ 的外侧半针里挑针

花萼 绿色系

环

纽扣　黄绿色系（212）

环

沿着第1圈针脚缝1圈
0.5cm
塞入相同颜色的线后挑针收紧

花片
① = 黄绿色系（2021）
② = 黄绿色系（2020）

环

❸ 将暂停钩织的线圈从第1针锁针的里山拉出，接着钩3针锁针

主体 罗纹绳（参照p.31）黄绿色系（212）

缝上花片

❶ 取下针上的线圈暂停钩织
❷ 用线头一侧的线钩织（12针）锁针起针
15cm（65针）

缝上纽扣

57

45、46、47 金桂 *Fragrant olive*

图片 p.24　重点教程 p.32

❈准备材料

[线] 奥林巴斯　25 号刺绣线

45 橙色系（534）、绿色系（276）…0.5 支

46 橙色系（534）…1 支，绿色系（276）、茶色系（575）…
各 0.5 支

47 绿色系（276）、橙色系（534）…各 0.5 支，茶色系（575）
…0.5 支

[针] 蕾丝针 2 号（3 股线时，使用 6 号）

[其他] 45 圆盘耳钉 古金色…1 对，小号圆珠 橙色透明…6
颗　46 按压式胸针 No.104 古金色…1 个，小号圆珠 橙色透
明…13 颗，花艺铁丝 28 号…22cm，19 根　47 不锈钢 U 字
形耳钩 金色…1 对，小号圆珠 橙色透明…6 颗，花艺铁丝 28
号…10cm，12 根

❈成品尺寸　参照图示

46　花朵　橙色系（分股线）13 朵　　组合方法

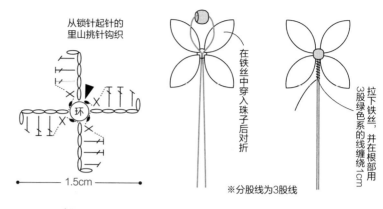

从锁针起针的里山挑针钩织

在铁丝中穿入珠子后对折

拉下铁丝，并在根部用 3 股绿色系的线缠绕 1cm

※分股线为 3 股线

1.5cm

叶子a　绿色系　6 片

将铁丝（20cm）对折，然后包住铁丝钩织 8 针短针

①在外侧半针里挑针钩织
②在剩下的半针里挑针钩织

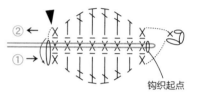

钩织起点

翻转织物，在外侧半针里挑针钩织

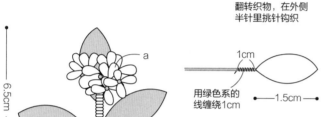

用绿色系的线缠绕 1cm

1cm

1.5cm

用线头缠在铁丝上
a = 7 朵小花为 1 束
b = 3 朵小花为 1 束

45　花　橙色系　3 朵　钩织方法请参照作品 46
用手缝将珠子缝在中心

将花朵和叶子缝在耳钉的圆盘上

3cm

叶子b

叶子b　绿色系（分股线）

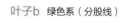
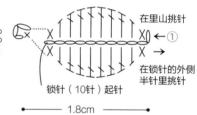

在里山挑针

0.9cm

锁针（10 针）起针

在锁针的外侧半针里挑针

1.8cm

6.5cm

10cm

a

b

b

在后侧缠绕上胸针

用茶色系的线从上往下不留缝隙地缠绕在铁丝上
（参照 p.32）

47　参照作品 46 制作花朵（3 朵）、叶子 a（3 片）
　　※叶子 a 用分股线钩织　　组合方法

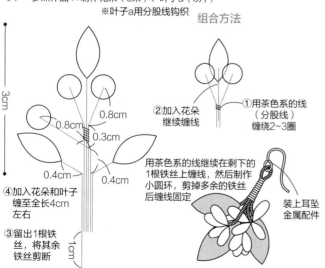

3cm

0.8cm
0.8cm
0.3cm
0.4cm
0.4cm

②加入花朵继续缠线

①用茶色系的线（分股线）缠绕 2~3 圈

用茶色系的线继续在剩下的 1 根铁丝上缠线，然后制作小圆环，剪掉多余的铁丝后缠线固定

装上耳坠金属配件

④加入花朵和叶子缠至全长 4cm 左右

③留出 1 根铁丝，将其余铁丝剪断

1cm

上接 p.57 的作品 43

43　将花朵 a、b 缝在主体上

花朵b　2 朵

钩织方法和配色见作品 41
（参照 p.56）

纽扣

花片

缝上花萼

花瓣

花朵b

花朵a
（参照 p.57）

花芯

48、49 银莲花 *Japanese anemone*

图片 p.25

◈准备材料

[线] 奥林巴斯　25 号刺绣线

48 粉色系（123）…1.5 支，绿色系（2245）…1 支，粉色系（125）、
黄绿色系（227）、黑色系（544）…各 0.5 支

49 本白色系（850）、绿色系（2070）…各 1 支，黄绿色系（227）、
黄色系（544）…各 0.5 支

[针] 蕾丝针 2 号

[其他] 48 旋转式胸针 No.52 金色，胶水　49 按压式胸针 No.104
古金色…各 1 个

花艺铁丝 28 号　48 20cm×5 根　49 20cm×8 根

◈成品尺寸　参照图示

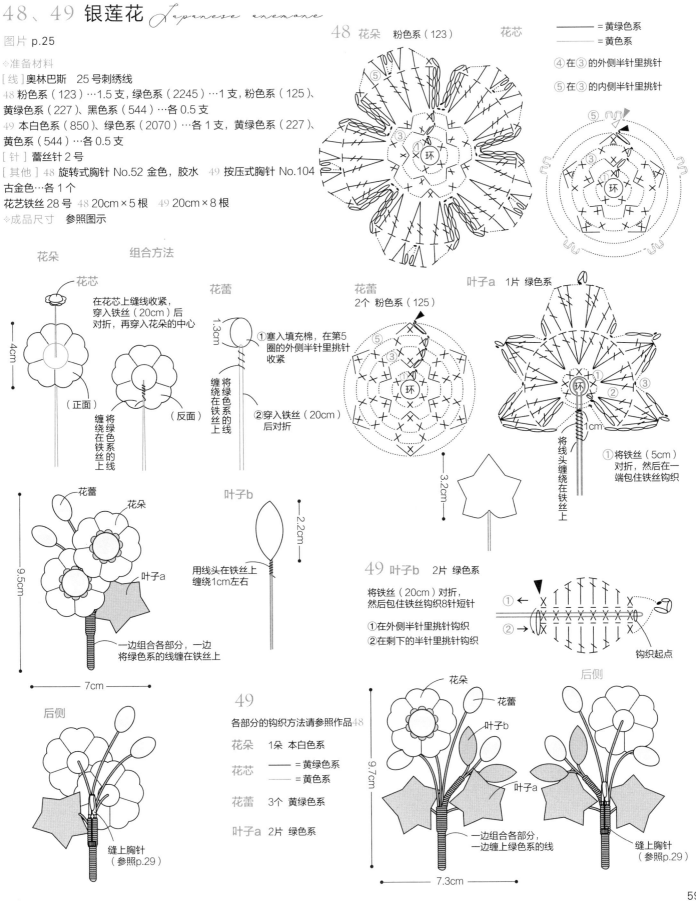

= 黄绿色系
= 黄色系

48 花朵　粉色系（123）　　花芯

④在③的外侧半针里挑针

⑤在③的内侧半针里挑针

花朵　　　组合方法

花芯

在花芯上缝线收紧，
穿入铁丝（20cm）后
对折，再穿入花朵的中心

4cm

（正面）　（反面）

缠绕绿色系铁丝的上线

花蕾

1.3cm

①塞入填充棉，在第 5
圈的外侧半针里挑针
收紧

②穿入铁丝（20cm）
后对折

缠绕在绿色系铁丝
上的线

花蕾
2 个　粉色系（125）

3.2cm

叶子a　1 片　绿色系

①将铁丝（5cm）
对折，然后在一
端包住铁丝钩织

1cm

将线头缠绕在铁丝上

花蕾
花朵

9.5cm

叶子a

一边组合各部分，一边
将绿色系的线缠在铁丝上

7cm

叶子b

2.2cm

用线头在铁丝上
缠绕 1cm 左右

49 叶子b　2 片　绿色系

将铁丝（20cm）对折，
然后包住铁丝钩织 8 针短针

①在外侧半针里挑针钩织

②在剩下的半针里挑针钩织

钩织起点

后侧

缝上胸针
（参照p.29）

49

各部分的钩织方法请参照作品48

花朵　1 朵　本白色系

花芯　—— = 黄绿色系
　　　—— = 黄色系

花蕾　3 个　黄绿色系

叶子a　2 片　绿色系

后侧

花朵

花蕾

叶子b

9.7cm

叶子a

一边组合各部分，
一边缠上绿色系的线

7.3cm

缝上胸针
（参照p.29）

59

钩针编织基础 *Basic Lesson*

如何看懂符号图 本书中的符号图均表示从织物正面看到的状态，根据日本工业标准（JIS）制定。
钩针编织没有正针和反针的区别（内钩针和外钩针除外），
交替看着正、反面进行往返钩织时也用相同的针法符号表示。

锁针的识别方法

正面

反面

里山

锁针有正、反面之分。反面中间突出的1根线叫作锁针的"里山"。

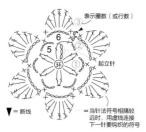

表示圈数（或行数）

③

⑥

⑤

②

①

环

起立针

▼＝断线

▼＝当针法符号相隔较远时，用虚线连接下一针要钩织的符号

从中心向外环形钩织时
在中心环形起针（或钩织锁针连接成环状），然后一圈圈地向外钩织。每圈的起始处都要先钩起立针（立起的锁针）。通常情况下，都是看着织物的正面按符号图逆时针钩织。

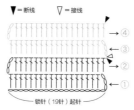

▼＝断线　▽＝接线

→④

③

②

①

锁针（19针）起针

往返钩织时
特点是左右两侧都有起立针。原则上，当起立针位于右侧时，看着织物的正面按符号图从右往左钩织；当起立针位于左侧时，看着织物的反面按符号图从左往右钩织。左图表示在第3行换成配色线钩织。

带线和持针的方法

1 从左手的小指和无名指之间将线向前拉出，然后挂在食指上，将线头拉至手掌前。

2 用拇指和中指捏住线头，竖起食指使线绷紧。

3 用右手的拇指和食指捏住钩针，用中指轻轻压住线头。

起始针的钩织方法

1 将钩针抵在线的后侧，如箭头所示转动针头。

2 再在针头挂线。

3 从线环中将线向前拉出。

4 拉动线头收紧针脚，起始针就完成了（此针不算作1针）。

起针

从中心向外环形钩织时
（用线头制作线环）

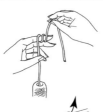

1 在左手食指上绕2圈线，制作线环。

2 从手指上取下线环重新捏住，在线环中入针挂线后向前拉出。

3 针头再次挂线拉出，钩1针立起的锁针。

引拔出后的针

4 第1圈在线环中入针，钩织所需针数的短针。

5 暂时取下钩针，拉动最初制作线环的线（1）和线头（2），收紧线环。

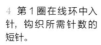

6 第1圈结束时，在第1针短针的头部插入钩针，挂线引拔。

从中心向外环形钩织时
（钩锁针制作线环）

1 钩织所需针数的锁针，在第1针锁针的半针里入针引拔。

2 针头挂线后拉出，此针就是立起的锁针。

3 第1圈在线环中插入钩针，成束挑起锁针钩织所需针数的短针。

4 第1圈结束时，在第1针短针的头部入针，挂线引拔。

往返钩织时

立起的1针锁针

1 钩织所需针数的锁针和立起的锁针，在边上第2针锁针里入针，挂线后拉出。

2 针头挂线，如箭头所示将线拉出。

3 第1圈完成后的状态（立起的1针锁针不算作1针）。

前一行的挑针方法

同样是枣形针，符号不同，挑针的方法也不同。符号下方是闭合状态时，在前一行的1个针脚里钩织；符号下方是打开状态时，成束挑起前一行的锁针钩织。

 在1个针脚里钩织 1 2

 成束挑起锁针钩织 1 2

针法符号

⬭ 锁针

1 钩起始针，接着在针头挂线。

2 将挂线拉出，1针锁针就完成了。

3 按相同要领，重复步骤1和2的"挂线，拉出"，继续钩织。

4 5针锁针完成。

⬮ 引拔针

1 在前一行的针脚中入针。

2 针头挂线。

3 将线一次性拉出。

4 1针引拔针完成。

✕ 短针

1 在前一行的针脚中入针。

2 针头挂线，将线圈拉出至内侧（此状态叫作"未完成的短针"）。

3 针头再次挂线，一次性引拔穿过2个线圈。

4 1针短针完成。

┬ 中长针

未完成的中长针

1 针头挂线，在前一行的针脚中入针。

2 针头再次挂线，将线圈拉出至内侧（此状态叫作"未完成的中长针"）。

3 针头挂线，一次性引拔穿过3个线圈。

4 1针中长针完成。

┼ 长针

未完成的长针

1 针头挂线，在前一行的针脚中入针。再次挂线后拉出至内侧（此状态叫作"未完成的长针"）。

2 如箭头所示，针头挂线后引拔穿过2个线圈。

3 针头再次挂线，一次性引拔穿过剩下的2个线圈。

4 1针长针完成。

╪ 长长针

1 在针头绕2圈线，在前一行的针脚中入针。再次挂线，将线圈拉出至内侧。

2 如箭头所示，针头挂线后引拔穿过2个线圈。

3 再重复2次相同操作（重复1次后的状态叫作"未完成的长长针"）。

4 1针长长针完成。

短针 2 针并 1 针

1 在前一行的 1 个针脚中入针，将线圈钩出。

2 按相同要领再从下个针脚中钩出线圈。

3 针头挂线，一次性引拔穿过 3 个线圈。

4 短针 2 针并 1 针完成，比前一行少了 1 针。

短针 1 针放 2 针

1 钩 1 针短针。

2 在同一个针脚中再次入针，挂线后钩出至内侧。

3 针头挂线，如箭头所示一次性引拔。

4 在同 1 针里钩入 2 针短针后的状态，比前一行多了 1 针。

 短针 1 针分 3 针

1 钩 1 针短针。

2 在同一个针脚中再钩 1 针短针。

3 在 1 针里钩入 2 针短针后的状态。在同一个针脚中再钩 1 针短针。

4 在同 1 针里钩入 3 针短针后的状态，比前一行多了 2 针。

 锁针 3 针的狗牙拉针

1 钩 3 针锁针。

2 在短针头部的半针以及根部的 1 根线里入针。

3 针头挂线，如箭头所示一次性引拔穿过所有线圈。

4 锁针 3 针的狗牙拉针完成。

 长针 2 针并 1 针

1 在前一行的 1 个针脚中钩 1 针未完成的长针，接着针头挂线，如箭头所示在下个针脚中入针，挂线后拉出。

2 针头挂线，引拔穿过 2 个线圈，钩第 2 针未完成的长针。

3 针头挂线，一次性引拔穿过 3 个线圈。

4 长针 2 针并 1 针完成，比前一行少了 1 针。

长针 1 针分 2 针

1 钩 1 针长针，接着要在同一个针脚中再钩 1 针长针。

2 针头挂线，引拔穿过 2 个线圈。

3 针头再次挂线，引拔穿过剩下的 2 个线圈。

4 在同 1 针里钩入 2 针长针后的状态，比前一行多了 1 针。

短针的棱针　※ 钩织短针的棱针时，每钩一行翻转织物

1 如箭头所示，在前一行针脚的外侧半针里入针。

2 钩织短针。下一针也按相同要领在外侧半针里插入钩针。

3 钩至行末，翻转织物。

4 按步骤 1、2 相同要领，在外侧半针里入针钩织短针。

短针的条纹针　※ 钩织短针的条纹针时，每圈朝同一个方向钩织

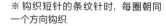

1 每圈看着正面钩织。钩织 1 圈后，在第 1 针短针里引拔。

2 钩 1 针立起的锁针，接着在前一圈的外侧半针里挑针钩织短针。

3 按步骤 2 相同要领继续钩织短针。

4 前一圈的内侧半针呈现条纹状。图中是钩织第 3 圈短针的条纹针的状态。

长针 3 针的枣形针

1 在前一行的针脚中钩 1 针未完成的长针（参照p.61）。

2 在同一个针脚中入针，接着钩2 针未完成的长针（一共 3 针）。

3 针头挂线，一次性引拔穿过针上的 4 个线圈。

4 3 针长针的枣形针完成。

 中长针 3 针的变化枣形针

1 在前一行的针脚中入针，钩3 针未完成的中长针（ 参照p.61）。

2 针头挂线，如箭头所示一次性引拔穿过6个线圈。

3 针头再次挂线，引拔穿过，针上2个线圈。

4 3针中长针的变化枣形针完成。

 长针 5 针的爆米花针

1 在前一行的同一个针脚中钩5 针长针，暂时取下钩针，如箭头所示重新插入钩针。

2 如箭头所示将针头的线圈拉出至内侧。

3 再钩1针锁针，收紧。

4 5针长针的爆米花针完成。

刺绣针法

直线绣

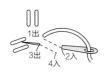

法式结

日文原版图书工作人员

图书设计	后藤美奈子
摄影	大岛明子（作品）本间伸彦（步骤详解、线材样品）
造型	平尾知子
作品设计	池上舞　冈本启子　奥住玲子
	镰田惠美子　河合真弓　能岛裕子
钩织方法说明	佐佐木初枝
制图	小池百合穗　中村亘
步骤协助	河合真弓
钩织方法校对	外川加代
策划、编辑	E&G CREATES（薮明子　泷泽绫花）

原文书名：刺しゅう系で編む鈎针編み　季節のフラワーアクセ
　　　　　サリー

原作者名：eandgcreates

Copyright ©eandgcreates 2020

Original Japanese edition published by E&G CREATES.CO.,LTD

Chinese simplified character translation rights arranged with E&G
CREATES.CO.,LTD

Through Shinwon Agency Beijing Office.

Chinese simplified character translation rights © 2021 by China Textile
& Apparel Press

本书中文简体版经日本E&G创意授权，由中国纺织出版社有限公司独家出版发行。

本书内容未经出版者书面许可，不得以任何方式或任何手段复制、转载或刊登。

著作权合同登记号：图字：01-2021-2429

图书在版编目（CIP）数据

用刺绣线钩编的季节花束／日本E&G创意编著；蒋

幼幼译. -- 北京：中国纺织出版社有限公司，2021.7（2024.5重印）

ISBN 978-7-5180-8440-1

Ⅰ.①用… Ⅱ.①日… ②蒋… Ⅲ.①钩针－编织－

图集 Ⅳ.① TS935.521-64

中国版本图书馆 CIP 数据核字（2021）第 051591 号

责任编辑：刘　茸　　特约编辑：周　蓓

责任校对：楼旭红　责任印制：王艳丽

中国纺织出版社有限公司出版发行

地址：北京市朝阳区百子湾东里 A407 号楼　邮政编码：100124

销售电话：010—67004422　传真：010—87155801

http://www.c-textilep.com

中国纺织出版社天猫旗舰店

官方微博 http://weibo.com/2119887771

北京华联印刷有限公司印刷　各地新华书店经销

2021 年 7 月第 1 版　2024 年 5 月第 2 次印刷

开本：889×1194　1/16　印张：4

字数：124 千字　定价：49.80 元

凡购本书，如有缺页、倒页、脱页，由本社图书营销中心调换